国家湿地公园

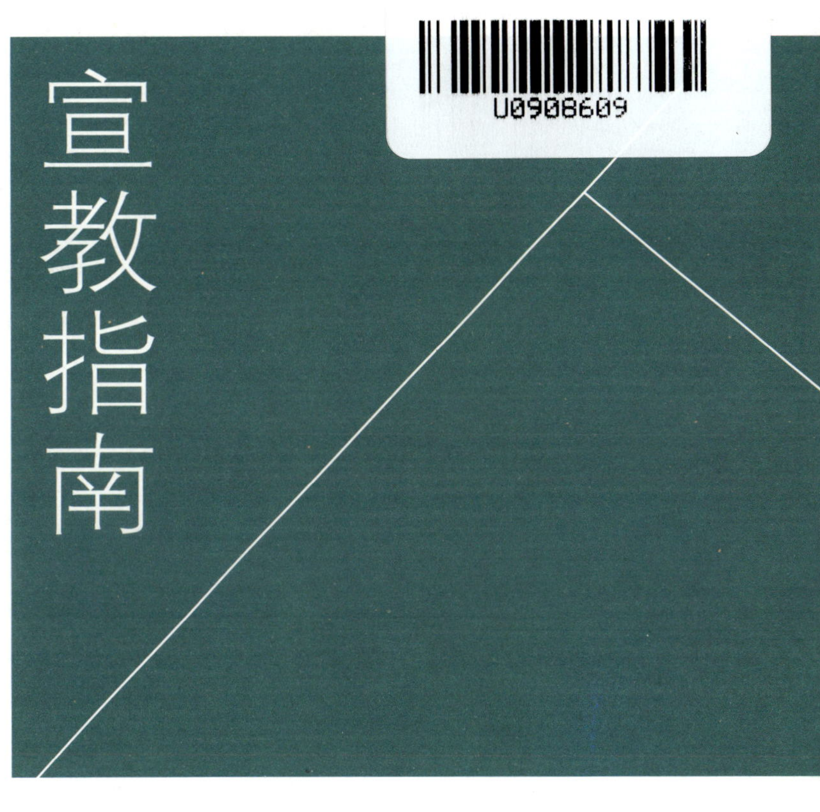

中国环境出版社·北京

图书在版编目（CIP）数据

国家湿地公园宣教指南 / 马广仁主编． -- 北京 ：
中国环境出版社，2017.5
ISBN 978-7-5111-3143-0

Ⅰ．①国… Ⅱ．①马… Ⅲ．①沼泽化地－国家公园－
中国－指南 Ⅳ．①P942.078-62

中国版本图书馆 CIP 数据核字（2017）第 074353 号

出 版 人 王新程
责任编辑 田 怡
责任校对 尹 芳
装帧设计 岳 帅
封面摄影 韦槿钦

出版发行 中国环境出版社
（100062 北京市东城区广渠门内大街 16 号）
网 址：http://www.cesp.com.cn
电子邮箱：bjgl@cesp.com.cn
联系电话：010-67112765（编辑管理部）
发行热线：010-67125803，010-67113405（传真）
印 刷 北京中科印刷有限公司
经 销 各地新华书店
版 次 2017 年 5 月第 1 版
印 次 2017 年 5 月第 1 次印刷
开 本 787×1092 1/16
印 张 12.5
字 数 210 千字
定 价 60.00 元

本书由国家林业局湿地保护管理中心组织编写出版

本书的出版获得世界自然基金会（瑞士）北京代表处和 GEF 中国湿地保护体系项目的资助，在此特别感谢。

编　委

前 言

湿地与森林、海洋并称为全球“三大”生态系统，为维护生态安全、粮食安全、淡水安全等发挥着重要作用，被誉为“地球之肾”“淡水之源”“物种基因库”和“储碳库”。中国拥有丰富的湿地资源，但随着社会经济快速发展，湿地面积减少、功能退化和生物多样性下降等问题十分突出。为加强湿地保护，2004 年 6 月，国务院下发了《关于加强湿地保护管理工作的通知》（国办发〔2004〕50 号），明确要求采取建立湿地公园等多种形式加强保护。2016 年 11 月，《国务院办公厅关于印发湿地保护修复制度方案的通知》（国办发〔2016〕89 号）提出了全面保护湿地、推进退化湿地修复、通过建立湿地公园等方式加强对重要湿地保护的新要求。

2005 年，国家林业局批准建立第一个国家湿地公园试点以来，截至 2016 年年底，我国共批准建立国家湿地公园（试点）836 处，其中通过验收正式授牌的国家湿地公园 174 处。建设国家湿地公园为全面保护湿地、扩大湿地面积、恢复退化湿地发挥了重要作用，为湿地科学研究、宣传教育提供了基础平台，为合理利用湿地资源、发展经济、促进就业、减贫脱贫做出了重要贡献。

但是，国家湿地公园在宣教形式、特色建设、规范管理等方面还存在一些问题，提高质量已成为当前国家湿地公园建设的重要任务。针对国家湿地公园建设中存在的问题，强化对国家湿地公园建设管理的指导，2015 年国家林业局湿地保护管理中心组织编写了《国家湿地公园宣教指南》《国家湿地公园湿地修复技术指南》《国家湿地公园生态监测技术指南》丛书。

《国家湿地公园宣教指南》包含四部分：第一部分介绍湿地宣教的内涵、原则、主要内容及技术路线。第二部分介绍国家湿地公园的宣教策略和框架设计，即如何设计湿地公园的宣教主题以及如何呈现宣教资源。第三部分介绍国家湿地公园宣教内容和宣教方案的设计。第四部分为附录，即各类宣教工作内容的汇总索引，可在工作中检索和应用。

由于湿地宣教的对象是普通公众，在基础知识严谨、科学的基础上，设计通过生动、多元的形式和方法，将湿地知识用大众喜闻乐见、易读能懂的方式加以普及。在内容上，更强调结合自身特点进行挖掘，而不局限于固定的模式和内容。湿地宣教工作的特点和要求，使得开展具体工作的原则和方法很难通过单纯的文字加以阐述。因此，本指南不同于常规行业指南的条目式编写方式，而是在明确基本原则、方法、流程等内容的基础上，用大量国内外案例辅助阐明湿地公园开展宣教的形式、内容和方法，图文并茂，以期对一线的湿地宣教工作者提供更直观和可操作的实践指导。

本指南委托国家高原湿地研究中心和世界自然基金会（WWF）共同承担编写工作，其内容设计及统稿由田昆负责，具体内容编写由雍怡、孙梅及其团队负责。指南的编写得到了相关省市林业厅（局）湿地保护管理部门的大力支持，得到了郭育任、陈仕泓、袁兴中、张明祥、刘茂松、朱建国、但新球等专家学者的专业指导，得到了广东广州海珠国家湿地公园管理局、浙江杭州西溪国家湿地公园管理处、四川邛海国家湿地公园保护中心、吉林牛心套保国家湿地公园管理局、台北关渡自然公园管理处等单位的案例分享，在此一并表示感谢。

本指南经过一年时间的编写，前后多次修改，由于编著者水平有限，仍有有待修改和完善之处，恳请广大读者不吝赐教。

编著者

2016 年 12 月

目　录

国家湿地公园

宣教指南

第一章　绪　论

1.1 概述

1.1.1 国家湿地公园宣教的内涵

国家湿地公园宣教，包含“宣传”和“教育”两方面的含义。根据湿地国际（CI）对于湿地宣教概念的阐释，湿地宣教工作包含宣传、教育、参与、意识四个层面递进式的内涵，根据其英文缩写简称为CEPA，具体包括：

宣传（Communication），即传播、介绍和推广湿地保护、恢复、管理、科研等方面的相关知识、面临的问题或所取得的成效。

教育（Education），即以湿地保护、管理的研究和实践为基础，通过专业设计的环境教育活动，系统传授相关知识、技术和方法。

参与（Participation），即通过设计和创造体验、实践和执行的机会，启发深入思考，并激发进一步关注和参与湿地保护的意愿和参与保护的行动。

意识（Awareness），即通过上述宣教工作，使参与者深入理解湿地保护的重要性，产生传播理念或参与保护等行动意愿，进而推动全社会对湿地保护意识的提高，以及广泛的行动参与。意识提高和价值观的改变即湿地宣教工作的根本目标。

1.1.2 国家湿地公园宣教系统设计原则

统筹兼顾、系统设计原则：国家湿地公园宣教工作应紧密围绕湿地保护和管理的主题，结合当地自然资源特点和社会文化传统，体现湿地公园建设对湿地保护发挥的积极作用，以及个性化主题和系统性规划思路的宣教方案。

标准明晰、实践导向原则：本指南力求对国家湿地公园宣教系统设计的原则、方法、流程、主要内容进行系统阐述，但对内容设计仅提供参考案例和图表，而不限定统一模式，以期为使用者提供方法上清晰直观的实践指导，并鼓励在内容上的个性化创新和发展。

科学为本、突显特色原则：宣教内容必须遵循科学为本，严谨准确的原则。在宣教内容的具体设计上，应增加内容的“科学内涵”，减少“常识”的分量，鼓励结合湿地公园的地方资源和文化，发掘自身特色，运用创新多元的形式，以实现更有效的宣教效果。

形式创新、与时俱进原则：结合现有宣传载体和手段，不断创新，运用多媒体以及自媒体技术、云计算技术、互动体验技术等，以达到相关手段与实效性、娱乐性、互动性等有效统一的原则。

分区管理、全面覆盖原则：湿地公园宣教功能不局限于科普宣教区，在不影响湿地保护和管理目标以及湿地景观的自然性、完整性的前提下，可渗透至公园内以下区域：合理利用区、管理服务区、科普宣教区及湿地公园外围。科普宣教功能也不局限于湿地公园红线范围内，有条件的可考虑扩大至所在县（市）域范围内，在新闻媒体、公园周边社区、城镇中心广场、公共交通设施等公共空间广泛宣传湿地知识和保护理念，提升国家湿地公园的影响力和关注度。

环境融合、绿色环保原则：湿地公园宣教设施的设计应充分考虑与所处环境的自然景观、地形地貌相融合，并充分借鉴当地传统文化中建筑的外观、材质以及营建方式。在建筑材料的选择上应以绿色环保为原则，优先考虑当地的原材料和可持续建筑的材料，并应适应当地的气候条件。在材料的运输及加工过程中应尽可能地减少对环境的影响，并在后续使用中便于维护管理且坚固耐用。

1.1.3 国家湿地公园宣教制度体系

国家湿地公园应建立宣教制度体系。根据 LY/T 1755—2008 国家湿地公园建设规范、LY/T 1754—2008 国家湿地公园评估标准、国家湿地公园规划导则（林湿综字〔2010〕7 号）、（各自）湿地公园总体规划要求、（各自）湿地公园保护管理条例、（各自）湿地公园管理制度，各国家湿地公园应明确自身的科普宣教规章、运营、管理制度，包括科普宣教设施的设计、制作和管理制度；科普宣教人员的招聘、培训、管理制度；科普宣教媒体资料的内容搜集、整理、建档、使用的基本要求等。此外，国家湿地公园科普宣教工作制度体系还应包括科普宣教项目策划设计制作要求和科普宣教实施专业团队招投标规则等内容。本指南主要具体介绍宣教工作内容的规划设计方法。

1.2 国家湿地公园宣教工作内容与流程

国家湿地公园开展宣教系统设计及实施的具体技术路线参见图 1-1，其主要工作流程说明如下。

1.2.1 宣教特色主题设计及宣教资源梳理

国家湿地公园宣教首先要明确宣教主题，即通过简洁、生动、清晰的语言，概括性地总结本湿地公园最鲜明的特色和最重要的价值。

宣教主题的设计应基于湿地公园宣教资源的调查和梳理，即宣教资源应来源于湿地公园最有代表性的地方性资源。这些资源可以包含湿地公园特有的保护价值或具有代表性的保护资源所开展的具体的保护、恢复工作及所取得的成效以及当地传统、文化中包含的与湿地保护相关的理念和方法等。

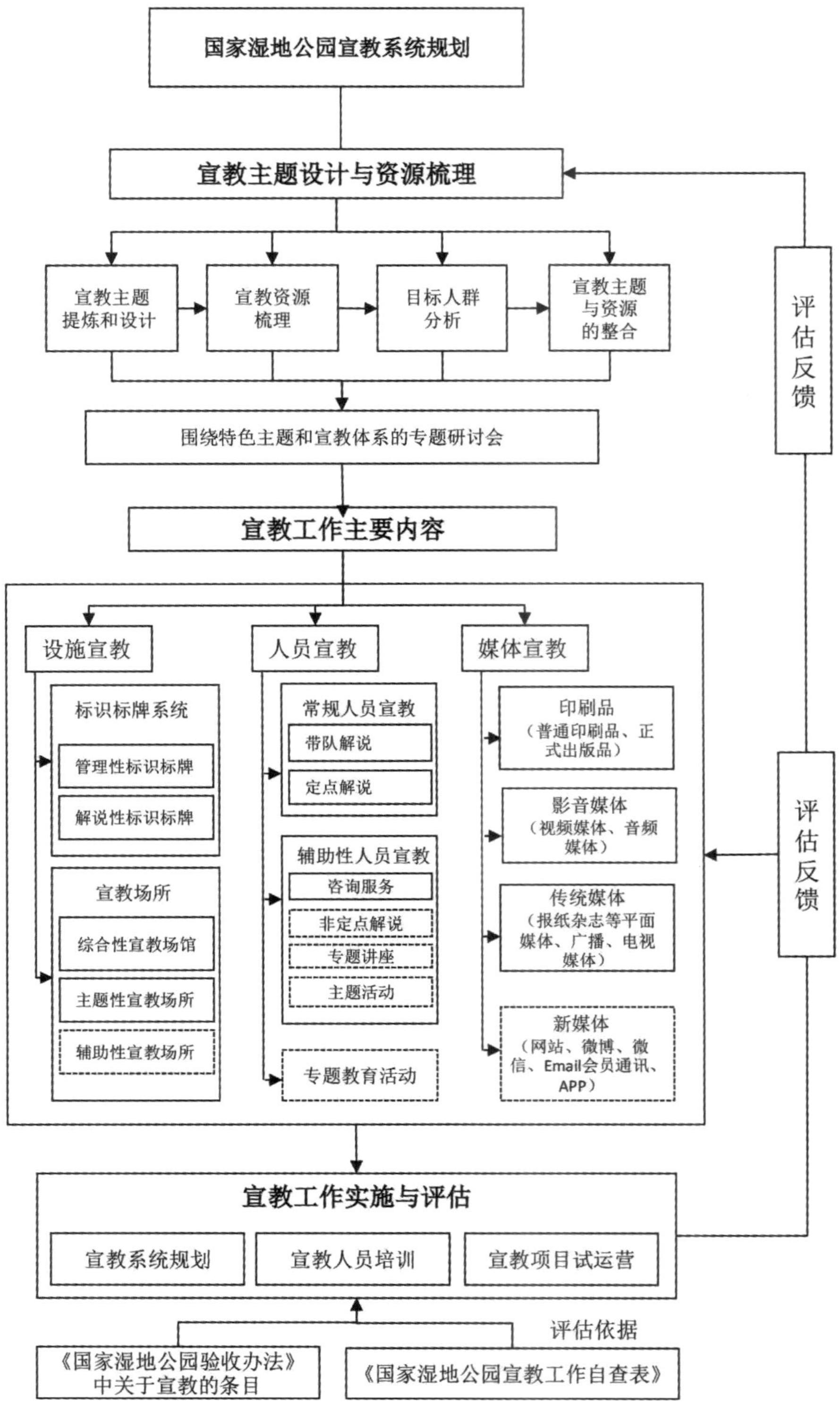

图 1-1　国家湿地公园宣教系统规划及实施技术路线图

1.2.2 宣教具体内容的设计和实施

国家湿地公园宣教的内容包含设施宣教、人员宣教和媒体宣教三部分。

- 设施宣教包括标识标牌和宣教场所两大类。其中标识标牌是湿地公园宣教最重要的基础性内容，也是其他宣教形式的重要载体，应在宣教主题和资源的基础上，结合湿地公园的功能区划和整体空间布局进行系统设计。标识标牌具体可分为两级四类：包括管理性标识标牌和解说性标识标牌两大类，其中管理性标识标牌又包含标志性标识、公告性标识标牌和引导性标识标牌。宣教场所是依托于某一具体空间环境、集中化、主体化开展宣教的一种形式，它是对标识标牌等基础宣教设施的提升，也是宣教工作的亮点。具体可分为综合性宣教展示场馆、主题性宣教场所和辅助性宣教场所三类。
- 人员宣教是基于宣教设施，通过人与人面对面的服务而实现的一种更有针对性和教育成效的宣教形式。应立足于宣教主题和资源，基于宣教设施的布局和内容，依托于宣教团队的人员，进行针对性、系统化的设计。人员宣教包括常规的带队解说和定点解说服务以及拓展性咨询服务、非定点解说、专题讲座、主题活动等。有条件的湿地公园应该考虑组建专业的团队开展湿地专题环境教育项目的设计和实施，强化人员宣教的专业体系和教育意义。
- 媒体宣教是对设施宣教和人员宣教的内容、形式的丰富，以及对宣教影响范围的提升和拓展。通过媒体宣教可以将湿地宣教的内涵进行分主题、系统化的介绍，所针对的目标人群也相应拓展至公园游客之外更大范围的社会公众，对深入传播湿地保护价值，提升社会公众保护意识和行动意愿，都有更为积极的意义。实际应用中，媒体宣教主要包括印刷品、影音媒体、传统媒体和新媒体四大类。

1.2.3 宣教方案的实施和管理

在国家湿地公园宣教方案设计完成后，应及时按照设计方案进行实施，包括宣教设施的设计制作、宣教场所的优化完善、宣教人员的培训、宣教活动的试运营等环节。湿地公园还应邀请相关领域的专家，对此过程给予指导和评估，以确保规划设计的内容得以严格实施。

1.3 指南内容说明

本指南对国家湿地公园开展宣教工作的内容与流程进行了详细说明，具体而言，指南包含四部分内容，结构上分为绪论、六个章节和附录。

第一部分：包含前言和第一章绪论，主要介绍本指南编写的背景、湿地宣教的内涵、原则，主要内容及技术路线等内容。

第二部分：包含第二章，具体介绍国家湿地公园的宣教策略和框架设计，即宣教主题的设计和宣教资源的梳理方法，湿地公园的宣教主题通过哪些具有独特性和代表性的宣教资源来呈现。

第三部分：包含第三至第六章，具体介绍国家湿地公园宣教内容的规范化设计方法（第三章），以及具体的宣教方案设计。国家湿地公园的宣教规划根据形式和内容分为三大类：设施宣教（包括宣教标识标牌系统和宣教场所，第四章）、人员宣教（包括人员解说和环境教育活动等，第五章）、媒体宣教（包括印刷品、影音、大众媒体、新媒体等，第六章）。

第四部分：附录，各类宣教工作内容的汇总索引，以便在工作中检索并应用。

本指南适用范围：

除国家林业局另有规定或特别批准外，国家湿地公园（含试点）应依照此指南开展宣教系统的设计和宣教工作的实施。省、市级湿地公园可参照此指南开展相关宣教工作。

本指南中用 © 姓名或 © 国家湿地公园名称的形式标注所有图片或援引资料之版权。

国家湿地公园

宣教指南

第二章　宣教主题与资源

2.1 宣教主题

国家湿地公园的宣教系统首先要明确宣教主题。《关于进一步加强国家湿地公园建设管理的通知》(林湿发〔2014〕6号)指出:“特色鲜明是国家湿地公园发展的灵魂和魅力”“要通过‘特色’向公众诠释湿地功能和传播湿地文化。”国家湿地公园的所有宣教工作,包括宣教资源的梳理和解说、宣教设施的设计和应用、宣教人员的服务和管理,以及宣教媒体的设计和制作,都应该以宣教主题对公园特色的概括和阐述为依据。

2.1.1 设计原则

宣教主题不是对湿地公园基本情况或资源调查报告结果的概述,也不是对湿地公园建设管理要求中相关内容的列举(案例见表2-1)。宣教主题的设计应遵循以下原则:

- 基于既有资源、管理目标和当地特色概括并生动呈现有辨识性的特点;
- 用科学严谨、有逻辑又生动鲜明的语言表述,传递理念、意义甚至价值观;
- 建立人与湿地的联系,激发兴趣,引导主动探索、学习、体验和思考。

2.1.2 设计方法

宣教主题的内涵可以包含或来源于以下内容:

- 当地重要湿地生态系统和生物多样性资源及其独特的自然保护价值;

表 2-1 宣教主题设计的局限性案例

案例 1 泛泛而谈湿地公园建设要求的宣教主题: 湿地类型多样,动植物种类丰富,原生态特征突出,是 ×× 流域湿地生态系统类型最具典型性、代表性、独特性、多样性,生态功能表现非常突出
案例 2 单纯陈述资源概况的宣教主题: 动植物资源丰富,据调查有植物105科238属366种、鸟类182种,其中:国家Ⅰ级保护鸟类1种,国家Ⅱ级重点保护鸟类10种
案例 3 面面俱到而缺乏特点的宣教主题: 湿地类型丰富,集中展示了湖、泊、沼、泽、荡、塘、河、永久性水稻田等湿地形态形成的复合湿地生态系统

- 已开展的湿地保护和恢复工作及所取得的成效；
- 独特的带有自然保护色彩的文化和传统等。

必须注意，宣教主题的设计应对上述信息进行概括性总结，并通过创造性、艺术性的描述，梳理成为若干条具体的宣教主题（案例见专栏 2-1，专栏 2-2）。

宣教主题的设计需清晰精练，一般一级主题以三条左右，不超过五条为宜。在一级主题之下，还可以设计二级主题，并通过具体宣教资源来阐释上述主题（图 2-1）。无论是一级还是二级主题的设计，都应该尽可能地突出公园的特色，并考虑对受众的可理解性和吸引力（案例见专栏 2-3）。

专栏 2-1　内蒙古根河源国家湿地公园用诗化语言概括宣教主题

- 从大兴安岭到呼伦贝尔，根河如脉，承荫峻岭之哺育，滋养广袤的草原。
- 从静岭激流到自然遗迹，根河如画，严酷冷极书就伟岸自然和脆弱生态。
- 从传统林业到自然保护，根河如碑，见证了林业和林业人的转型与蜕变。
- 从传统游牧到人地和谐，根河如卷，鄂温克传统智慧启示对未来之思辨。

专栏 2-2 江苏沙家浜国家湿地公园的宣教主题

江苏沙家浜国家湿地公园绿色生态文化与红色教育文化相辅相成的宣教主题设计：

- 沙家浜芦荡湿地复杂的水陆地形结构和丰富的湿地物产，造就了这里抗日战争“后方医院”的传奇历史和革命文化；生机勃勃的绿色湿地文化孕育了这里独具特色的红色革命文化。

专栏 2-3 湿地植物一级主题下四个二级主题的设计

定而生慧

丰盈蓬莱

水中八仙

岩上俊杰

- 用定而生慧、丰盈蓬莱、水中八仙、岩上俊杰分别介绍湿地公园植物的生存智慧、经济作物、水生植物和岩生植物。

来源：世界自然基金会（WWF）《三山岛国家湿地公园自然导赏手册》。

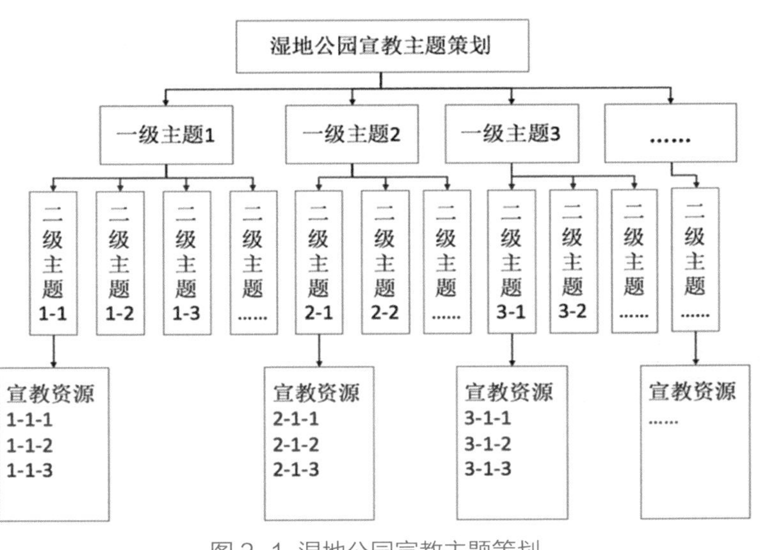

图 2-1　湿地公园宣教主题策划

2.2　宣教资源

2.2.1　宣教资源清单

表 2-2　国家湿地公园宣教资源分类表

自然资源	社会人文资源
当地代表性生物多样性资源（优势种、历史演变、系统内的种间关系、行为模式、入侵种或外来种等）	当地社会的历史发展变迁及与湿地相关的重要历史事件
具有重要保护价值的珍稀物种、当地特有种，或有特别代表意义的旗舰物种及其栖息地。其中植物关注其种类、区系、数量、分布及演替变化；动物关注其种类、种群、分布、活动规律、变化趋势等	与湿地相关的传统文化、民俗活动、季节性的庆典活动等非物质文化遗产。当地传统中人对湿地及水资源的理解和利用方式
湿地生态系统的类型、结构、功能，典型湿地景观以及变化趋势	与湿地相关的重要人文景观、历史建筑、考古遗迹或文物
水文、气候、地形地貌、地质土壤、物候特点	湿地公园建设的背景、历程及所开展的湿地保护与管理工作取得的成效
自然灾害或潜在风险评述	批准和正在执行的相关规划和项目中与湿地保护和管理相关的内容

生动、独特的宣教主题需要通过具体的宣教资源予以呈现。国家湿地公园的宣教资源梳理，应基于以下三个基本判断而形成：

（1）保护价值：为什么要保护这块湿地，它有哪些重要的保护价值。

（2）代表意义：这块湿地有何具有代表性的意义或特有的资源。

（3）管理方法：湿地公园有哪些确保湿地良性、持续发展的保护和管理策略。

总体来说，国家湿地公园的宣教资源主要包括自然资源和社会人文资源两大类（具体分类参见表 2-2）。自然资源一般都是有形的，可被观察和感知的，容易直观地开展宣教活动。社会人文类资源则往往是无形的，需要挖掘和演绎。紧密结合湿地保护主题的社会人文资源，往往可以使宣教方案更容易引起共鸣，起到画龙点睛的作用。

国家湿地公园的宣教资源并不等同于当地所有自然或人文社会资源的简单汇总，而应该在相关资源调查的基础上，选择最有代表性和故事性的资源，组成宣教资源清单（案例见图 2-2、图 2-3）。

图 2-2　江苏同里国家湿地公园宣教资源植物清单
资料来源：《江苏同里国家湿地公园解说系统规划》

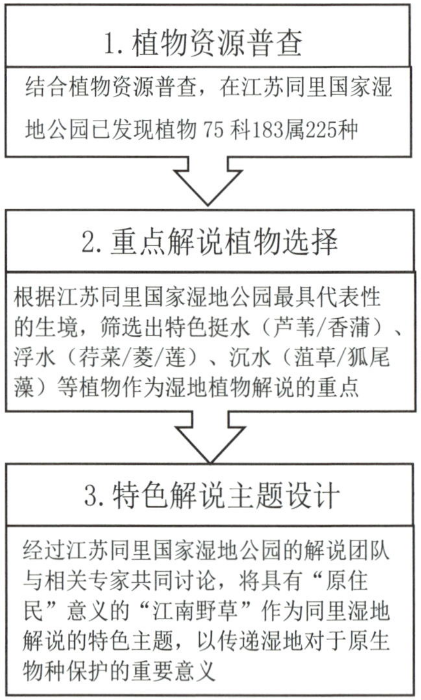

以江苏同里国家湿地公园的植物资源宣教工作为例，围绕植物资源的宣教解说，公园并未将资源普查中发现的 225 种植物简单罗列为宣教内容。而是从以下三个角度入手，筛选出有代表性的，适宜开展宣教的植物资源：

①展示具有特色形态与生活习性、能体现湿地生境及物种多样性的水生植物；

②展示江苏同里国家湿地公园范围内可发现的特色珍稀濒危植物；

③展示江苏同里国家湿地公园保存下来的地域性“原住民”植物（本土植物）。

其中，第三点更多考虑到在江苏同里国家湿地公园地处的长三角地区，昔日分布于

图2-3　以江苏同里国家湿地公园为例，从植物宣教资源中提炼特色主题

田间地头的很多所谓“乡野杂草”，随着城乡一体化建设的发展已经大为减少，而江苏同里国家湿地公园则成了它们今日的主要生存、繁衍地。为了更好地宣传保护本土物种的重要意义，公园在宣教系统设计中特别整理了关于本土物种的生物学相关知识，并调研了这些物种在传统江南水乡文化中的独特价值，丰富了公园宣教的内容及内涵。

再如某国家湿地公园资源调查显示，公园范围内已观测到300种鸟类、200种昆虫和500种植物，在设计公园宣教方案时，同样并非简单的多多益善，而需要挑选其中最有代表性的生物资源组成鸟类、昆虫和植物的宣教资源清单。具体挑选代表性宣教资源时，可遵循专栏2-4、专栏2-5、专栏2-6中的原则。

2.2.2 宣教资源的时空分布

宣教资源的时空分布作为合理有序地安排宣教工作的基础，是宣教资源整理工作中极为重要的一部分。为了更准确地展示和直观地呈现宣教主题，在宣教资源清单列举的基础上，还应摸清资源的时空分布特点。概括地说，即某种资源在什么时间（一年四季的最佳观赏季节及一日的最佳观赏时间等）、什么地点（具体分布在湿地公园的哪个位置，如何到达）最适合观察、欣赏和解说。

以鸟类为例，在宣教资源整理过程中，应在资源调查的基础上，明确分析当地候鸟及留鸟种类在一年四季中的分布规律；若为候鸟，应了解其迁徙规律及在本湿地公园中出现的主要季节、分布区域、适宜观测的时间和地点；若为留鸟，则了解其在本湿地公园中的主要分布区域、觅食和活动场地，特定生活习性的观测时间和地点（案例见图2-4）。昆虫和小型兽类等其他动物的时空分布资料整理可以参照鸟类进行。

对于植物，在宣教资源整理过程中，则应明确植物的具体分布范围，以及花期、果期或具有特殊观赏价值的季节（案

专栏 2-4 湿地公园鸟类宣教资源清单的挑选原则

◆对涉禽、鸣禽、游禽、走禽、猛禽、攀禽等各挑选 1 ～ 2 种以介绍鸟类分类知识；

◆对潜鸟目、鹈鹕目、鹳形目、雁形目、鸻形目等各挑选 1 ～ 2 种介绍湿地水鸟知识；

◆对具有区域性甚至国际性保护价值的鸟类，如国家 I、II 级保护物种，或 IUCN 红色名录鸟类等进行特别介绍；

◆对具有重要、特殊生态价值的鸟类，如当地特有的、迁徙路线具有代表性、在生物链中占据特殊地位、有独特的筑巢、觅食、育雏等生物学行为的物种进行特别介绍；

◆鸟类清单总数建议在 20 种左右，一般不超过 30 种。

专栏 2-5 湿地公园植物宣教资源清单的挑选原则

◆对挺水、浮水、沉水的湿地植物各选 3 ～ 5 种介绍湿地植物知识；

◆对陆生乔木、灌木、藤本、草本等各挑选 3 ～ 5 种以介绍植物分类知识；

◆对具有重要、特殊生态价值的植物，如当地特有种、乡土种、具有净化水质功能或有适应水生环境的特别结构或功能的植物、昆虫的寄主植物、为鸟类提供栖息地或食物的植物、具有较严重危害的入侵物种等进行特别介绍；

◆对具有区域性甚至国际性保护价值的植物，如国家 I、II 级保护物种，或 IUCN 红色名录等进行特别介绍*；

◆植物清单总数建议在 30 种左右，一般不超过 50 种。

* 为避免珍稀资源被过度关注而遭破坏，珍稀类资源不宜做室外宣教。

专栏 2-6 湿地公园昆虫宣教资源清单的挑选原则

◆对鞘翅目、鳞翅目、膜翅目、半翅目、直翅目、蜻蜓目等昆虫，可根据种类数量多少按比例各挑选 5 ～ 8 种介绍昆虫分类知识；

◆对具有重要、特殊生态价值的昆虫，如当地特有种或当地罕见种、具有特殊形态或生活习性特征，能够帮助植物传粉、分解朽木落叶、对某些物种具有生物防治作用等功能的昆虫进行特别介绍*；

◆昆虫清单总数建议在 30 种左右，如需进行专题介绍，一般不超过 50 种，且适宜对同一类型昆虫进行综合性宣教介绍。

* 昆虫资源很难在室外进行定点观察，适宜对一系列物种进行主题性介绍。

摄影 © 孙晓东

例见专栏 2-7）。

对于独特的地形、地貌等地质景观资源，应标明其分布的具体位置；对于独特的气候、水文、物候等自然资源，应标明其最佳观察地点、时间。

对于节气、节日、民俗、传统等文化资源，应了解其具体时间、相关人文活动发生的区域，从而在开展相关解说或安排相应体验时，结合时间和地方特色来突出该文化资源的独特性。

2.2.3 宣教资源的解说方案

完成宣教资源的清单梳理和时空分布分析之后，应对所有清单在列的宣教资源进行解说方案设计，即如何完整、准确又生动地介绍每一个重点资源。解说方案编写模板参见表 2-3。案例见专栏 2-8。

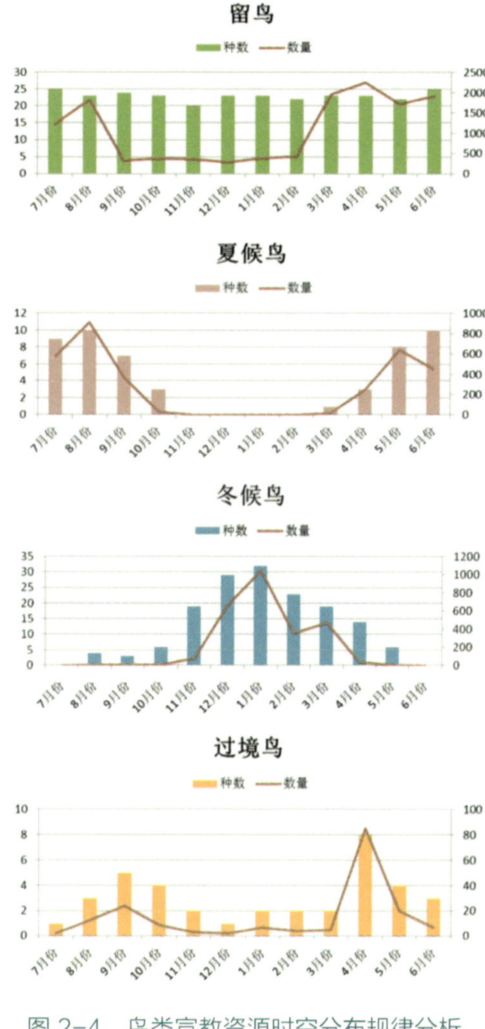

图 2-4 鸟类宣教资源时空分布规律分析
资料来源：江苏同里国家湿地公园鸟类调查报告

表 2-3 宣教资源解说方案编写表（模板）

解说资源	本表格对应的解说资源名称	编号	统一编号 *
解说主题	本解说资源所对应的解说主题		
相关解说路线和解说点	本解说资源所对应的解说路线和具体的解说停留地点	解说时间	本解说方案适宜的季节和时间（如有）
目标人群	明确本解说方案的针对人群，或根据不同人群灵活调整方案的建议		
主要知识点	本解说方案设计的湿地相关知识点		
解说方案	记录完整、科学、生动介绍该资源的具体解说方案		
辅助工具	解说人员是否需要准备照片、图鉴卡片、放大镜、纸、笔、标本或实物样本等辅助解说所需的工具		
宣教评估	是否有针对此资源的宣教效果的评估工具，如现场问答、问卷调查、回访等		
拓展信息	与此资源点相关的体验活动、教育活动或研究项目等延伸和拓展的信息		

* 宣教资源解说方案应根据主题编号并归档。编号可采用一级主题编号 - 二级主题编号 - 资源编号的形式。如：1-2-4，表示该资源属于第一个一级主题下的第二个二级主题中第四个重点资源。

专栏 2-7 三山岛国家湿地公园自然导赏手册附录说明

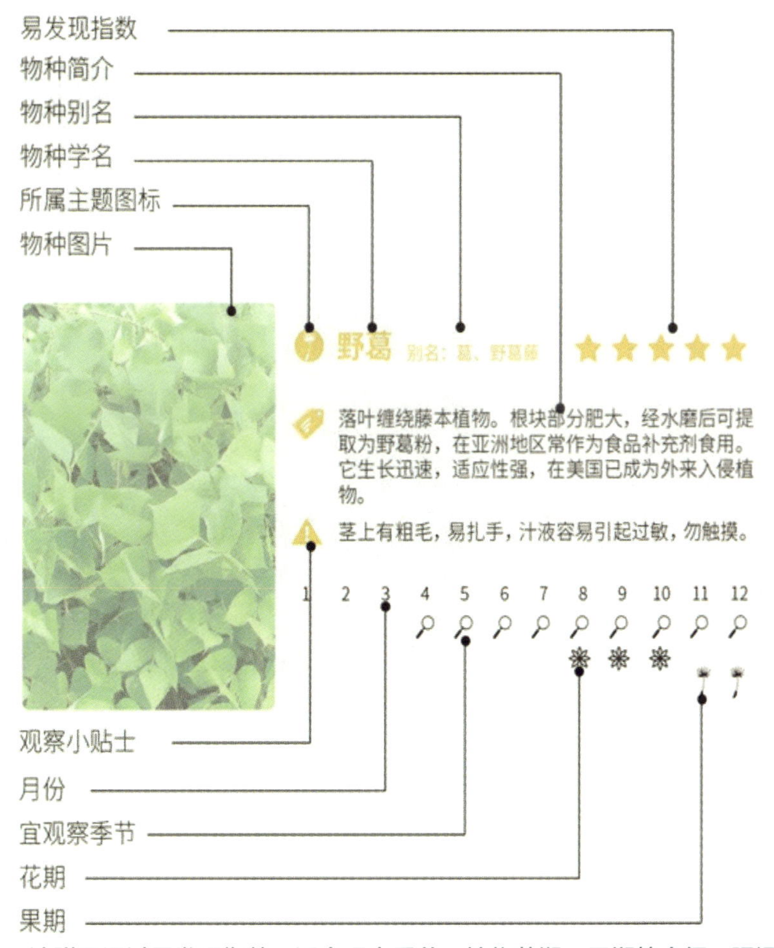

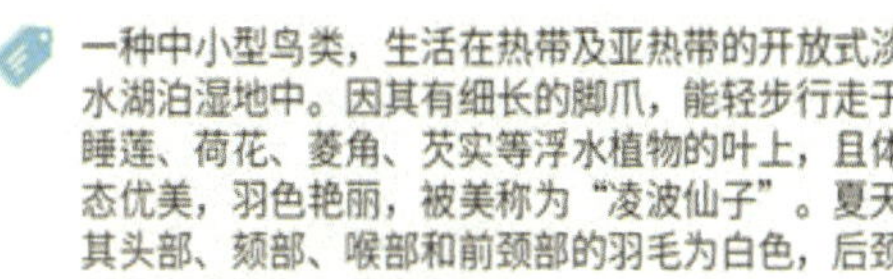

常生活于生长荷花、菱角、芡实的水域。

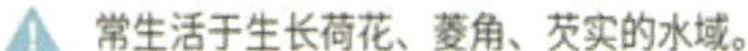

莲 别名：荷花、芙蕖

多年生挺水植物，根状茎横生，肥厚，节间膨大，是著名的蔬菜“莲藕”，果实为莲子。叶圆形，盾状，直径 25～90cm。其叶片表面具有精细的乳突状结构，使得水珠和污泥很难在其叶片表面附着。

常见于三山岛湿地围堰处。

1 2 3 4 5 6 7 8 9 10 11 12

1. 该附录通过易发现指数、适宜观察季节、植物花期、果期等介绍，强调资源的时空分布特点，便于使用者发现、观察和了解湿地公园的宣教资源；
2. 如果是专业性图鉴，应加上物种拉丁名。

资料来源：世界自然基金会（WWF）《三山岛国家湿地公园自然导赏手册》。

专栏 2-8 案例：江苏同里国家湿地公园宣教资源解说方案编写表

解说资源	杉木林里栖居的鹭鸟	编号	2-7-4
解说主题	同里湿地的自然探秘 >> 同里湿地水上森林中的鸟类 >> 杉木林里的鹭鸟天堂		
相关解说路线和解说点	解说路线：原生湿地—湿地科普馆—杉木林步道—观鸟屋—澄湖浅滩（见下图）解说点：自然教室、杉木林步道	解说时间	AM7:00—10:00。适合在春、夏、秋三个季节开展
目标人群	主要针对 4 ～ 6 年级的学生群体		
主要知识点	1. 白鹭与杉木林的关系 2. 不同鹭鸟的区别 3. 小白鹭的生活状况（包括繁殖季节、饮食、居住习惯等）		
解说方案	1. 解说内容：独特的场地位置和周边的环境资源让杉木林成为鹭鸟栖居的天堂，浅滩为鹭鸟们提供了丰富的食物，猜一猜白鹭的早饭是什么？在这片水杉林里，生活着白鹭、夜鹭、池鹭、牛背鹭等不同的鹭鸟种类，你能听出不同鹭鸟叫声的差异么？在观鸟屋静静观察，你看到的是哪一种鹭鸟？不同鹭鸟的形态和生活习性有什么差异？以及鹭鸟的迁徙故事 2. 解说形式：解说员借助观鸟屋等步道上的宣教设施，以提问式解说带动学生们进行观察；进入杉木林步道前可以进行观鸟注意事项培训		
辅助工具	解说人员需要准备望远镜、鸟类图鉴卡片、纸、笔等辅助解说所需的工具		
宣教评估	1. 受众的总体满意度与接受度评估 2. 通过后续活动环节引导受众进一步思考“鹭鸟与湿地生境的关系” 3. 帮助受众养成良好的观鸟习惯和方式		
拓展信息	1. 以鹭鸟为主题的拓展自然体验活动，如观察并讲述大树之家的故事 2. 适当延伸带有研究性的教育活动，如鹭鸟对杉木林土壤及对杉木生长的影响		

* 编号为 2-7-4 的解说资源点，为主题二中第 7 个二级主题下的第 4 个资源点

资料来源：江苏同里国家湿地公园解说系统规划

2.3 宣教主题和资源的整合

将国家湿地公园宣教资源解说方案根据所属主题和统一编号归档，通过主题和资源的整合，形成宣教工作的核心策略，并指导整个宣教体系规划的设计和实施（案例见表 2-4、表 2-5、表 2-6）。

表 2-4 洪湖国际重要湿地的宣教主题和二级主题设计

一级宣教主题	二级宣教主题（具体宣教方案中还将进行二级主题对应的重点宣教资源的分解和说明）
主题 1：洪湖湿地作为江汉平原河湖复合生态系统的典型代表，发挥着重要的生态服务功能，蕴藏着巨大的自然资本，直接为 60 万人生产生活提供生态屏障	1. 中国第七大淡水湖、千湖之省的代表（湖北第一大湖泊，面积 41 412 公顷）
	2. 湖北唯一一块国际重要湿地（2008 年加入《国际重要湿地名录》，目前全国共 49 块）
	3. 拥有全国面积最大的野生红莲（国家 II 级保护植物，面积达 8 万亩）
	4. 湖北省最大的湿地科研与教学实习基地
主题 2：洪湖湿地经历的由“洪湖水浪打浪”到“洪湖竿打竿”再到重现生机的过程，成为湿地修复的典范，让我们反思尊重自然规律的重要性	5. 全国最成功的湿地保护与恢复案例之一（全国十佳案例，国际湿地保护大奖）
	6. 全国唯一具有综合管理职能的保护地（具有相对集中行政处罚权——保护地管理、野生动植物管理、渔政管理、旅游管理、航运管理、渔船检验管理等）
	7. 猎鸟历史文化和“从捕鸟到护鸟”的老张的故事
主题 3：洪湖湿地自古以来孕育了丰富多彩的湿地传统和湿地文化，在衣食住行、娱乐上面都各有表现	8. 全国著名的红色文化（革命历史、影视、歌剧电影——《洪湖赤卫队》）
	9. 独特的渔家文化（水上客家人——20 世纪 40—60 年代安徽、江苏等地移民洪湖）
	10. 以“洪湖三蒸（蒸鱼、蒸菜、蒸肉）”、“洪湖三宝（莲、菱、芡实）”以及洪湖水煮鱼为代表的湿地饮食文化

资料来源：《洪湖国际重要湿地自然学校策划方案》

表 2-5 江苏同里国家湿地公园的宣教主题和二级主题设计

一级宣教主题	二级宣教主题（具体宣教方案中还将进行二级主题对应的重点宣教资源的分解和说明）
主题 1：同里湿地从灾难中遁生希望，从林地回归水乡的湿地，体现了人们对于湿地态度的转变：害怕—对抗—利用—和谐相处	1. 江南湿地的变迁（江南湿地水系格局是江南水乡的形成肌理）
	2. 同里湿地从血吸虫病肆虐到填湖造林，再到湿地公园建设与保护的发展历程
主题 2：同里湿地公园，以“水上森林”为典型代表的湿地景观，在丰富生境中生活着的动植物，共同构筑了苏州地区独特的湿地生态系统	3. 同里湿地拥有湖泊 / 河流 / 沼泽等自然湿地和水稻田 / 荷花池 / 滩涂渔塘等丰富的湿地类型
	4. 丰富的生物多样性资源，多样化的湿地植物形态与习性，珍稀濒危植物的庇护所
	5. 江南野草的基因库，城市化背景下湿地公园成了它们的主要生存和繁衍场所
	6. 独特而极具魅力的水上森林景观
	7. 多元的湿地类型为鸟类提供了丰富的生态环境，目前已发现鸟类 140 余种，列入省重点及以上保护级别的鸟类 45 种
	8. 湿地孕育了丰富的动物资源，并拥有季节性的萤火虫景观
	9. 千百年来，湿地的自然之美带给我们无数文化艺术上的灵感，形成了独特的自然美学
主题 3：人与自然的互动造就了今天我们看到的同里湿地：人类生活依赖着湿地的丰富资源，也形成了独特的水乡生活传统	10. 生活在湿地中的村庄体现了同里地区临水而居的聚落形态
	11. 以水为生，湿地为同里水乡提供了独特的生产方式
	12. 船是水乡人的第二个家，以及由此展现的不同于古镇的江南水乡独特生活方式
	13. 鸡头米等水八仙为同里湿地的水乡人提供了地域特色的时令饮食习惯
	14. 不同的节气里，日常生活中孕育的特色文化与习俗
	15. 在同里湿地公园的发展历程中，知青生活是一个具有特殊记忆的历史片段

资料来源：江苏同里国家湿地公园解说系统规划

表 2-6　美国夏威夷火山国家公园案例，通过解说主题发展二级解说主题

	一级解说主题	基于主题 1 的二级解说主题设计
夏威夷火山国家公园的有形和无形遗产资源	主题 1：夏威夷火山公园使人们可以接近活火山，直接探索和感受我们这个世界最本质的创造和毁灭之力 主题 2：居住在这块丰富多样的土地上的夏威夷人民，他们所经历的文化冲突、适应和融合，全面展现了人类的智谋、独立与我们对生命的尊重 主题 3：夏威夷的火山活动为迁居此处的生物创建了一个世外桃源，形成了丰富而脆弱的本地生物区系。但由于人类活动给这里带来越来越多的影响，很多特有的物种都走向了绝灭。这让我们反思过去的教训，共同努力保护现有本土生物的未来 主题 4：基拉韦厄火山是火山女神贝利（Pele）的家园，对于夏威夷人来说，这是一个圣神的诞生之地，是神灵与力量的源泉。这里的火山现象、地形地貌和野生动植物是夏威夷文化认同感、完整性和持续性的重要来源 主题 5：夏威夷火山国家公园让人们得以探索夏威夷的生物多样性。由于在环境监测中的标志性作用，该公园已被列入世界自然遗产和国际生物保护圈	1. 接近活火山的独特体验不仅给个人探索提供了机会，也有益于各种研究工作的展开 2. 基拉韦厄火山和莫纳罗亚的火山活动，精彩地展现了火山在地形塑造、地表重塑方面的作用，深化了我们对地球的认识 3. 火山活动导致的火山爆发及其进而引起的地震、海啸、火山灰等自然现象，曾给人类带来深重的灾难，但也给我们带来了兴盛的机会 4. 科学对文化的一个重要作用就是提出和验证新的观点：莫纳罗亚和基拉韦厄火山为一个新理论提供绝佳的例证——夏威夷群岛是由地球内部一个固定热点上方发生的火山活动所塑造的

资料来源：美国国家公园管理局《综合解说系统规划》

国家湿地公园

宣教指南

第三章　宣教系统的规范化设计

3.1 概述

国家湿地公园宣教作为一套体系化的工作，其开展与实施具有系统性和规范性；同时，为使宣教内容简洁、清晰、直观，风格统一，宣教设施的内容设计中，应对需要被反复使用的通用符号、文字及配色方案进行标准化设计。本章主要对上述两部分内容进行总体介绍。

对于国家湿地公园宣教工作的规范性设计内容，本章将以标准体系表格的方式进行界定；对于国家湿地公园的标准化设计元素，为鼓励宣教系统设计的个性化和整体性，本指南仅列出标准化设计原则，包括通用符号的类型及内容（内容设计仅提供黑白版本）、不同类型文字的推荐字体和字号范围，以及配色方案中主要的色系及各色系的主色及辅助配色。各国家湿地公园可根据自身情况及整体宣教系统的设计风格进行灵活调整，但应确保遵循本指南中列明的主要类型和设计原则。

3.2 规范性设计内容

对国家湿地公园来说，宣教工作的规范性设计内容包括两个层面。一方面，宣教系统应具有一套规范化的实施体系，伴随国家湿地公园的建设进程而逐步完善；另一方面，各项具体宣教工作的内容并非相互独立，而是一个相互协作的系统，从而让整个公园成为一个有机统一的宣教场所。

在实际工作开展中，结合不同国家湿地公园的建设阶段和资金等条件，各项内容开展建设的优先顺序及重要性参见表 3-1。

表 3-1 国家湿地公园宣教工作主要内容及实施优先次序

国家湿地公园宣教主要工作					开展优先次序及重要性		
					必做内容★★★	建议完成★★☆	有条件可开展★☆☆
宣教体系个性化设计				宣教主题的确定	√		
				宣教资源清单梳理	√		
宣教体系标准化设计				标准化符号	√		
				字体和字号		√	
				系统配色方案		√	
设施宣教	标识标牌系统	管理性标识标牌	标志性标识	标志性符号	√		
				标志性展示			√
			公告性标识标牌	公园范围界限标识	√		
				规范制度标识标牌		√	
				游客行为提示及安全警示	√		
			指示性标识标牌	服务引导	√		
				外部交通引导		√	
				内部交通车行系统	√		
				内部交通步行系统	√		
		解说性标识标牌	单体资源型	单一生物资源	√		
				单一非生物自然资源		√	
			主题型	基于资源共性		√	
				基于生态系统		√	
				基于管理策略	√		
				基于湿地文化			√
			综合型	公园总体导览解说	√		
				游线系统介绍（步道起点）		√	
				景点系统介绍（步道终点）		√	
	宣教场所	综合性宣教场馆		游客中心附带湿地宣教展示区	√		
				独立的湿地科普宣教馆		√	
		主题性宣教场所		宣教长廊			√
				观鸟屋	√		
				自然教室		√	
		辅助性宣教场所		观景平台解说标识标牌	√		
				步道沿线休憩点解说标识标牌	√		
				接驳站解说标识标牌		√	
				交通工具解说标识标牌		√	

续

国家湿地公园宣教主要工作			开展优先次序及重要性		
			必做内容★★★	建议完成★★☆	有条件可开展★☆☆
人员宣教	常规人员解说	带队解说	√		
		定点解说		√	
	辅助性人员解说	咨询服务	√		
		非定点解说			√
		专题讲座			√
		主题活动		√	
	专题环境教育			√	
媒体宣教	印刷品	普通印刷品	√		
		正式出版物		√	
	影音媒体	视频媒体		√	
		音频媒体			√
	传统媒体	报纸杂志等平面媒体		√	
		广播、电视媒体		√	
	新媒体	网站		√	
		微博、微信		√	
		E—mail 会员通信		√	
		APP		√	

结合国家湿地公园的宣教目的和访客参观湿地公园的体验流程，各项宣教设施的建设场地或宣教活动开展场所的选择也具有一定的规范性，相关对应关系参见表 3-2。

表 3-2　国家湿地公园宣教设施及服务与湿地公园设施的空间对应关系

国家湿地公园宣教主要工作			公园正门	公园出入口	游客中心	宣教场馆	主要游步道起点	主要游步道沿线	主要观景点
管理性标识牌	标志性标识	标志性符号	○	○	○	○			
		标志性展示	○		○				
	公告性标识标牌	公园范围界限标识		○					
		规范制度标识标牌			○	○			
		游客行为提示及安全警示			○	○	○	○	○
	指示性标识标牌	服务引导		○	○	○	○		○
		外部交通引导		○					
		内部交通车行系统	○	○	○		○		○
		内部交通步行系统	○	○	○	○	○	○	○
解说性标识标牌	单体资源型	单一生物资源				○		○	
		单一非生物自然资源				○		○	
	主题型	基于资源共性			○	○		○	○
		基于生态系统			○	○			
		基于管理策略			○	○			
		基于湿地文化			○	○			
	综合型	公园总体导览解说	○	○	○	○			
		游线系统介绍			○	○	○		
		景点系统介绍			○	○			○
人员宣教	常规人员解说	带队解说				○	○	○	○
		定点解说			○	○		○	○
	辅助性人员解说	咨询服务			○				
		非定点解说			○	○		○	○
		专题讲座			○	○			
		主题活动			○	○			
	专题环境教育			○	○		○		
媒体宣教	印刷品	普通印刷品			○	○			
		正式出版物			○	○			
	影音媒体	视频媒体			○	○			
		音频媒体			○	○			

3.3 标准化设计元素

标准化设计元素的应用重点针对标识标牌、宣教场馆内的解说和服务引导、印刷品和媒体影音等宣教形式。

为鼓励宣教系统设计的个性化和整体性，本指南仅列出标准化设计原则，如通用符号的类型及内容（内容设计仅提供黑白版本）、不同类型文字的推荐字体和字号范围，以及配色方案中主要的色系及各色系的主色及辅助配色。各国家湿地公园可根据自身情况及整体宣教系统的设计风格进行灵活调整，但应确保遵循本指南中列明的主要类型和设计原则。

如有需要，在确保整体风格统一的前提下，也可根据湿地公园自身特点增补必要符号、字体和配色。

3.3.1 标志性符号

标志性符号共有三类：国家湿地公园标志性符号、当地林业标志性符号、本湿地公园标志性符号。

3.3.1.1 国家湿地公园标志性符号（见专栏 3-1）

在设计宣教内容时，根据《中国国家湿地公园专用标志使用暂行办法》第七条，经国家林业局批准的国家湿地公园，应使用中国国家湿地公园标志。

3.3.1.2 当地林业标志性符号

公园所在省市林业具有独立标志性符号的，可根据地方性管理要求，予以使用。

3.3.1.3 国家湿地公园标志性符号

本公园自己的标志性符号，应在所有宣教内容设计中予以使用。

专栏 3-1 国家湿地公园标志性符号

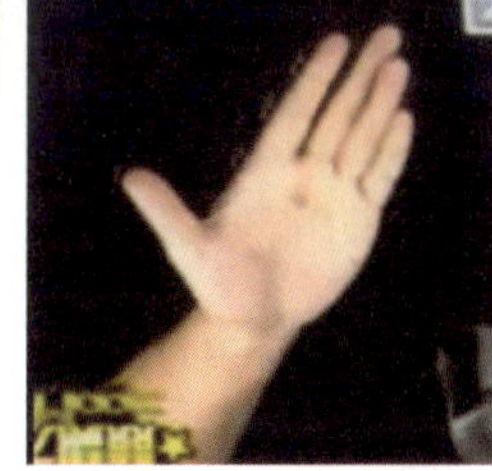

一双呵护的大手保护着湿地的动物，幼小的雏鸟在人类精心保护的湿地环境中快乐生长，最终变为成鸟。同时保护湿地环境的“大手”又是一只昂起头振翅欲飞的天鹅，代表希望、未来、生生不息。

Logo表达了湿地丰富的生态系统水、鱼、湿地水鸟、湿地植被和谐共融，互利共生。整体采用绿色和蓝色，蓝天碧水贴合自然的原生态。

资料来源：国家林业局湿地保护管理中心。

3.3.1.4 标志性符号使用排列顺序（见图 3-1）

以上三类符号的一般排列顺序为从左到右，依次为国家湿地公园标志性符号、当地林业标志性符号和本公园标志性符号，参见图 3-1。亦可根据版式需要从上至下排列，顺序不变。

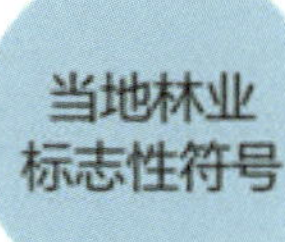

图 3-1 标志性符号使用排列顺序图示

3.3.2 通用符号

设施宣教的设计中会大量使用抽象化的通用符号，对于指向出入口、游客中心、餐厅及卫生间等涉及公共信息的符号，原则上采用由中华人民共和国国家质量监督检验检疫总局和中国国家标准化管理委员会发布的中华人民共和国国家标准。此外补充功能分区等国家湿地公园特有的符号，以形成完整的通用符号方案。

各湿地公园在设施宣教的设计中，应遵照本指南列出的通用符号类型和设计原则。通用符号的具体表现形式可根据公园自身特点进行个性化设计，本指南所有示例的设计形式仅供参考。

3.3.2.1 功能分区符号（见图 3-2）

参照《国家湿地公园规划导则（林湿综字》〔2010〕7 号），国家湿地公园功能分区包括湿地保育区、恢复重建区、宣教展示区、合理利用区、管理服务区。国家湿地公园的宣教系统设计中，应对此五大分区设计对应的分区符号。

保育区

恢复重建区

宣教展示区

合理利用区

管理服务区

图 3-2 功能分区图标

3.3.2.2 服务设施符号（见图 3-3）

用于标示湿地公园内的资源、设施和各种相关服务。在标准化的视觉符号选择与设计上，应参考国家对于标志用公共信息图形符号的相关规定（《标志用公共信息图形符号（GB/T 10001.2—2012）》）。部分符号设计可根据不同公园的特色进行修改或完善。

3.3.2.3　方向性符号

用于道路起点、交叉路口等需要方向指引的地点或区域。符号内容设计参照国家标准《标志用公共信息图形符号　第一部分：通用符号》（GB/T 10001.1—2001），本指南设计形式只作为参考。

3.3.2.4　禁止性符号（见图 3-4）

用于对游客行为的管理和规范，避免出现危险或发生不文明和违规现象。根据现行国家标准《安全色使用导则》（GB 6527.2—86），此类符号的配色应以红色标记，以示醒目。本指南设计形式只作为参考。

3.3.2.5　安全注意性符号（见图 3-5）

用于各种危险事故易发区域对游客进行风险和安全提示。根据现行国家标准《安全色使用导则》（GB 6527.2—86），此类符号的配色应以黄色标记，以示醒目。本指南设计形式只作为参考。

3.3.3　字体与字号

设施宣教内容设计中字体和字号的选择，应根据标识类型、版面大小、文字类型、安放位置和距离阅读者的距离等因素进行标准化设计，务求整

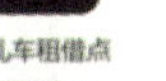

图 3-3　服务设施类图标

图 3-4　禁止性类图标

图 3-5　安全注意类图标

个公园的宣教体系所使用的字体与字号相对统一。

3.3.3.1 标准字体

国家湿地公园的标准字体运用主要包括中文、英文、拉丁文、少数民族文字四类：

- 中文建议字体为微软雅黑、楷体、黑体。
- 英文建议字体为 Helvetica、Arial、Georgia。
- 拉丁文通用字体为 Times New Roman。
- 当地少数民族文字字体根据不同语言情况而定。

根据不同的运用场合，可以在基本字体粗细、深度上加以变化，其中：

- 中文字体的常用变化包括：常规、细体、粗体。
- 英文字体的常用变化包括：常规、细体、粗体、斜体。

标准字体及主要变化形式参见图 3-6。

湿地公园宣教系统设计的字体选择可采用上述推荐字体，也可根据整体设计风格进行个性化选择。但所选字体必须注意其拥有合法版权。

（1）标识标牌中字体的运用

一般而言，宣教标识标牌上会出现的文字包括标题、副标题、正文、图表标题、注解文字等五类。标识标牌中文字的主要类型参见图 3-7。

图 3-6 宣教设施标准字体建议

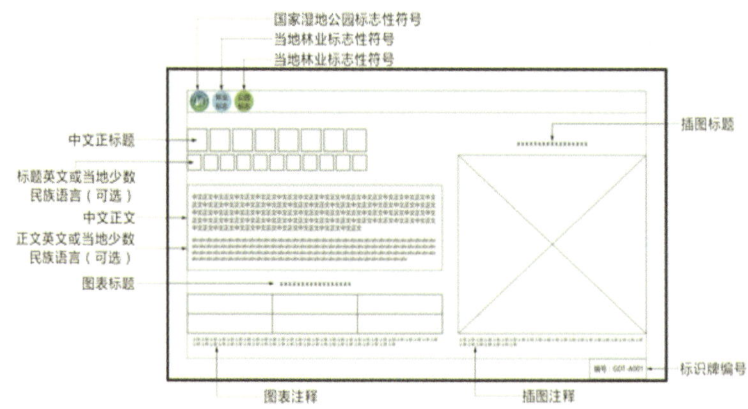

图 3-7 标识标牌中文字的主要类型

中文字体的运用中应注意：

- 小标题、正文、图表等主要内容一般采用易于阅读的微软雅黑字体；
- 备注、注释等辅助性信息，可采用楷体，以丰富图文编排的层次感；
- 正标题可根据整体风格加以艺术化设计，不受设定字体限制；
- 单一标识标牌设计中使用字体类型以不超过 3 种为宜。

（2）印刷品中字体的运用

湿地公园印刷品设计的字体选择可采用上述推荐的标注字体，也可根据整体设计风格进行个性化选择。但所选字体必须注意其拥有合法版权。

印刷品中文字的主要类型参见图 3-8。

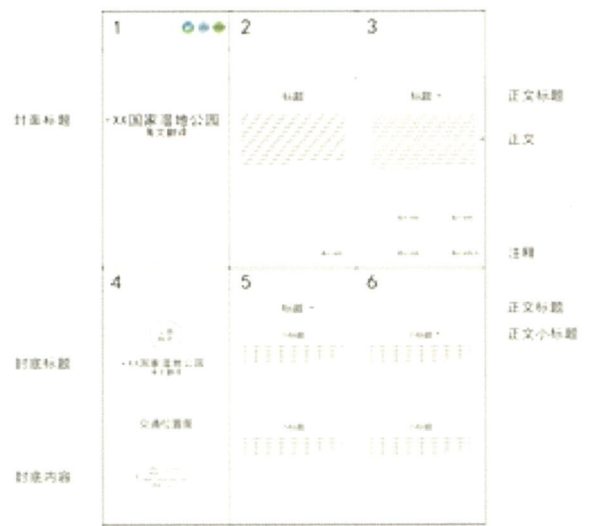

图 3-8　印刷品中文字的主要类型

3.3.3.2 标准字号设计

标准字号的选择和设计根据其使用场合不同，在标识标牌与印刷品上应分别设置。

目前国际上最通行的印刷字体的计量方法为“点数制”，“点”是国际上计量字体大小的基本单位，一般用小写“pt”表示，俗称为“磅”，1 磅 =0.35mm。

（1）标识标牌字号设计

根据标识标牌设置现场规格因素来确定视觉阅读距离，进而确定文字可被识别的最小尺寸。其公式为 [H（文字高度，单位 mm）= L（读者距离，单位 m）×4] 估算。根据此公式可得出实际使用字号，例如，距离 10m，可被识别文字高度最小为 40mm，字号约为 114pt。

管理性标识标牌：游客阅读指示性标识的一般距离为 1 ～ 2m 以上，交通引导标识的视距则可能达到数米、数十米或更远，因此在字号选择上应适当放大（参见图 3-9），以便观看者快速、准确地浏览信息。原则上最小字体选择建议为：

- 中文字号建议不小于 85pt（字高约 30mm）；
- 英文字号及其他语言字号建议不小于 55pt。

解说性标识标牌：解说性标识标牌的图文编排中会出现五种主要类型的文字：标题、副标题、正文、图表标题、注解文字（参见图 3-7 中版式）。阅读者一般观看距离为 50 ～ 100cm，阅读视角包括水平和俯视。

其中最小字号选择建议为：

- 中文正标题字号建议不小于 85pt（艺术设计标牌可灵活调整）；
- 英文及其他语言正标题字号建议不小于 48pt；
- 中文副标题字号建议不小于 48pt；
- 英文及其他语言副标题字号建议不小于 35pt；

- 中文正文字号建议不小于 28pt；
- 英文及其他语言正文字号建议不小于 24pt；
- 中文及其他语言图表、注释字号建议不小于 20pt。

有一点要特别注意的是：一个国家湿地公园的所有标识标牌，各类字体和字号应尽可能统一。

（2）印刷品字号设计

一般出版物为近距离阅读，因此字号相对较小，一些主要展示的文字可以适当变大；

- 封面标题，一般是版面修饰的主要手段，不同字号的结合，更能丰富封面设计；
- 正文标题与正文小标题，用于对正文的说明，根据内容重要性设计字号大小；
- 正文内容相对较多，建议字号为 8 ～ 10pt；
- 备注及图片说明字号建议为 6 ～ 8 pt；
- 封底标题与封面标题相比，可适当变小；
- 封底内容与地图部分可参照正面内容字号。

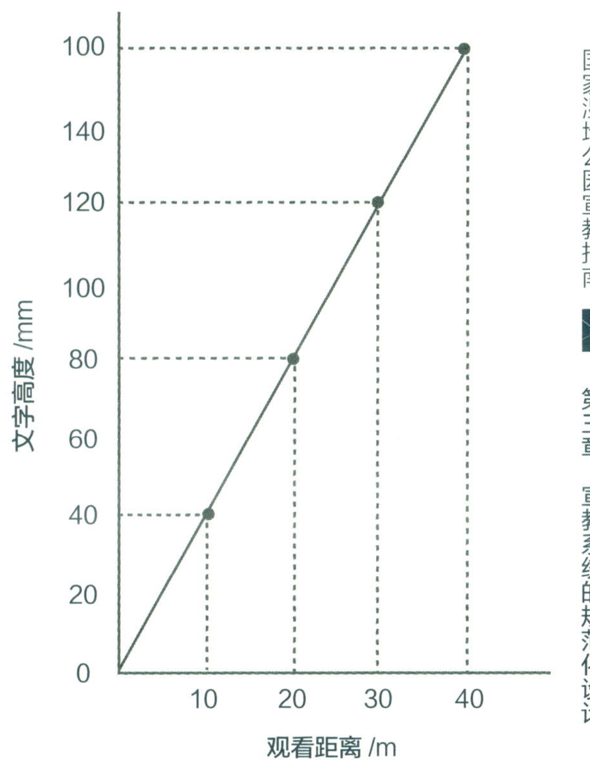

图 3-9　标识标牌视距对字号对应图表

以上字号为建议字号，设计时可以根据版式适当调整。如本指南章标题字号为 26pt，节标题字号为 14pt，正文字体字号为 10.5pt，可供参考。

3.3.4 配色方案

湿地公园宣教系统设计应采用统一的配色方案，以求主要内容醒目、吸引人，而整体风格自然、和谐（参见专栏 3-2 案例）。

湿地公园宣教系统设计的配色选择建议：

- 整体版面设计所使用的基础色调以植被绿色系、水天蓝色系、土木棕色系、中性黑白灰色系为主；
- 具体内容和文字设计上，可以根据公园宣教主题和特色资源，使用红、橙、黄、紫等缤纷色系，以使内容生动、重点突出；
- 缤纷色系的选择必须谨慎，且有依据。可取自公园的特色资源，如某代表性鸟类的羽色、花卉色彩、自然地质地貌色彩、传统建筑和风俗文化常用色相关的颜色等。切忌随意选色，或因过度使用而造成视觉效果冲突，甚至和环境景观及整体设计风格不协调。

具体配色选择可参考图 3-10。此配色方案中包含植被绿色系、水天蓝色系、土木棕色系、中性黑白灰色系、阳光橙色系、花果紫色系共六个色系，所选颜色已考虑了整体设计风格的协调性，并列出了每种推荐色彩的（含主色及辅助配色）RGB 值，各湿地公园在宣教系统设计中可以直接选用，也可根据自身特点进行部分配色方案的微调，形成个性化的配色方案（案例见图 3-11）。

专栏 3-2　美国麋鹿国家保护区内用不同配色方案

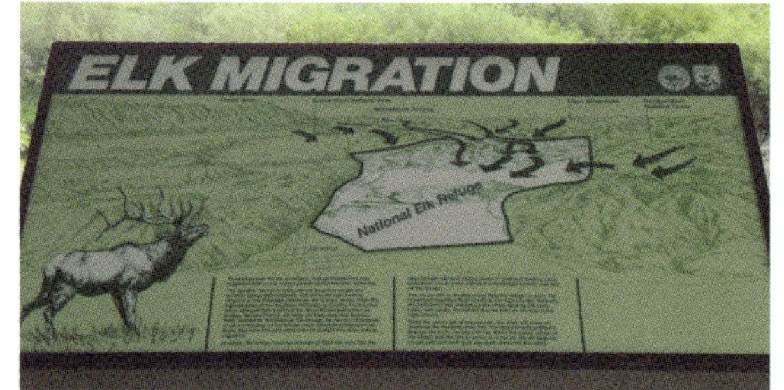

● 设计不同主题标识标牌，个性鲜明，又整体和谐。自上而下分别为：物种介绍、迁徙特性介绍和保护区管理介绍。（摄影 © 雍怡）

图 3-10　国家湿地公园宣教系统设计建议基础配色方案
（设计：新生态工作室）

水库

湿地

地貌

历史

■ 从当地特色环境要素中提炼出具有地方识别性的配色体系。

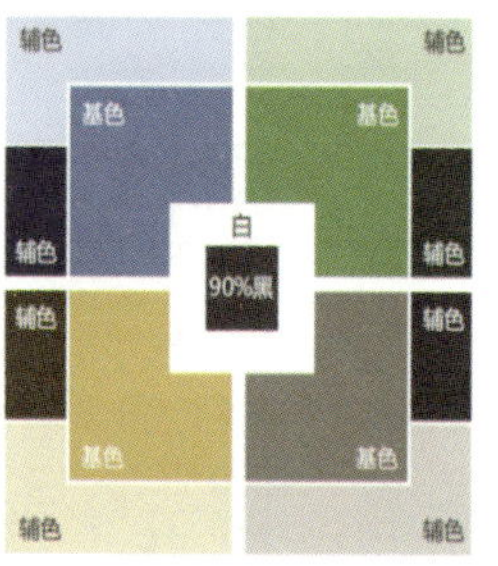

1、湿地溯源

2、湿地居民

3、湿地人文

4、湿地地貌

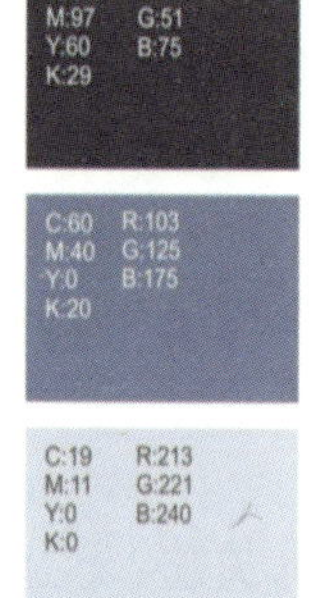

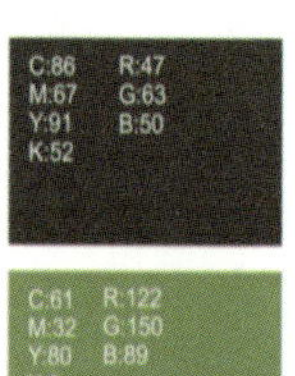

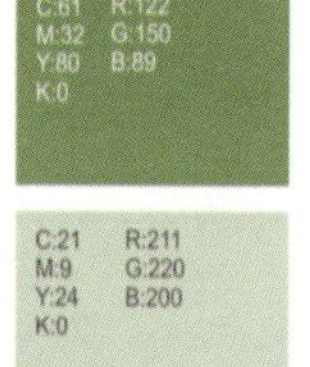

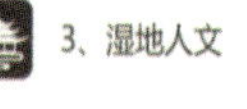

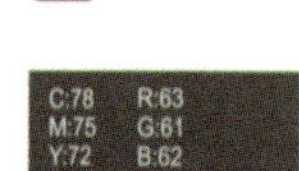

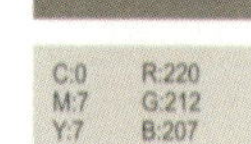

■ 运用配色方案，并结合不同色彩对地方特色的象征性，以四种基本色丰富解说标识牌的不同类型。

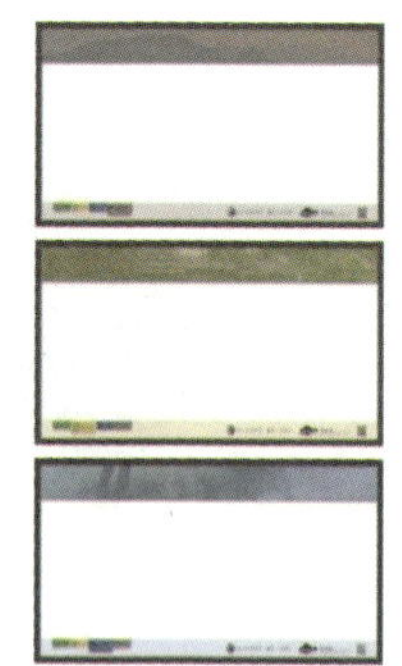

■ 标识标牌版式设计上的细节应用：用主题色设计标签，标识所属宣教主题

图 3-11 国家湿地公园标识标牌配色方案选择与应用案例
（设计：新生态工作室）

国家湿地公园

宣教指南

第四章　设施宣教

4.1 概述

设施宣教是国家湿地公园宣教系统的三大主要内容之一。它是宣教工作面向公众的直观呈现形式，是湿地公园宣教工作的基础，也是宣教服务的最直接和最重要的载体。设施宣教的内容包括标识标牌和宣教场所两大类。其中标识标牌分为管理性标识标牌和解说性标识标牌。宣教场所包括综合性宣教展示场馆、主题性宣教场所和辅助性宣教设施（参见图 4-1）。标识标牌和宣教场所共同形成湿地公园的宣教体系空间布局（见图 4-2）。

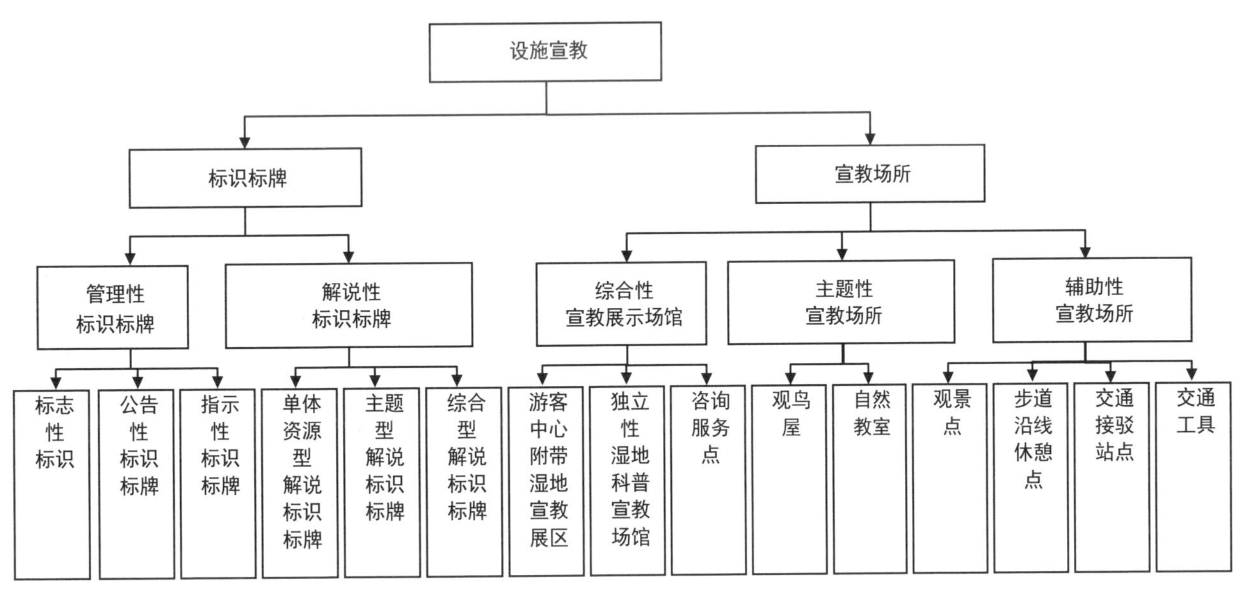

图 4-1 设施宣教分类图

4.2 标识标牌系统

4.2.1 主要类型

标识标牌系统是国家湿地公园开展宣教工作最基本也是最重要的设施，反映和体现湿地公园的宣教特色、管理水平、服务水平和专业水平。根据其主要功能和内容，标识标牌又分为管理性标识标牌和解说性标识标牌两大类（见图 4-3）。

4.2.1.1 管理性标识标牌

指满足湿地公园各项管理诉求的标识标牌，根据其功能又分为：

（1）标志性标识

又称特色性标识，指提炼宣教主题和特色而形成的便于识别理解、生动形象且易于引起关注的符号性标识，是公园宣教特色的体现。主要包括标志性符号和标志性展示。

（2）公告性标识标牌

为辅助公园日常管理，公告相关法规制度、规范游客参访行为的标识标牌，是公园宣教管理水平的体现。主要包括范围界线类、规范制度类、游客行为提示类等。

图 4-2 不同类型标识标牌组成的标识标牌系统空间布局

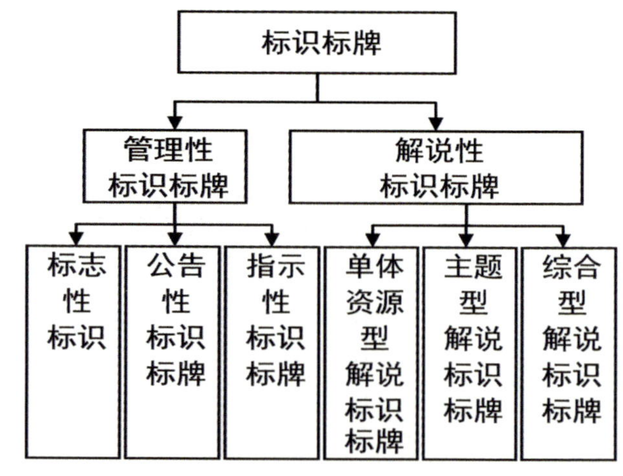

图 4-3 标识标牌系统分类图

（3）指示性标识标牌

提供游客必要的交通、后勤、宣教活动等服务信息指示和引导的标识标牌，是公园宣教服务水平的体现。主要包括服务引导标识、外部交通引导标识、内部交通车行系统引导标识、内部交通步行系统引导标识等。

4.2.1.2 解说性标识标牌

指基于公园宣教主题设计，根据参访对象、参访目标、参访时间、当地环境等因素，有针对性设计的用于解说和宣传湿地知识、湿地资源、湿地保护与恢复、湿地公园建设与管理、湿地文化等内容的标识标牌，是湿地公园宣教专业水平的体现。根据其内容分为：

（1）单体资源型解说标识标牌

指针对一个具体宣教资源进行介绍的标识标牌，如某一具体物种，地质、水文、气象等知识点的介绍。

（2）主题型解说标识标牌

指针对一类具有共同特点的宣教资源进行介绍的标识标牌，如某一类生物，一个生态系统内的相关物种关系、湿地的功能、湿地保护或恢复的原理、方法、效果介绍等内容的标识标牌。

（3）综合型解说标识标牌

指针对整个公园、某一个区域或某个景点、某条游线等目标，提供图文并茂，信息丰富的综合型介绍的标识标牌。

4.2.2 内容设计

各种标识标牌的具体类型和内容设计要点见专栏 4-1，专栏 4-2。

专栏 4-1 管理性标识标牌

管理性标识标牌 解说性标识标牌

标志性标识标牌 标志性符号		**简介** 对湿地公园主题和特色抽象性和概括性设计形成的，带有一定象征意义的符号性Logo图标	**设置位置** 普遍应用于所有标识标牌系统的模板设计，以及公园主要功能设施和工作人员统一服装等设计中，以自然烘托国家湿地公园的整体氛围	**注意事项** 清晰传递该湿地公园的主题和特色，形式简洁、视觉效果清晰强烈

案例解析

代表类型一：
展示湿地主要自然元素

中国国家湿地公园标志

设计理念：展现典型的湿地景观：湛蓝天空映衬一片生机湿地：天鹅引吭高歌，水鸟惬意戏水，鱼儿逐波畅游，水草随风摇曳。洁白的天鹅又恰似一只展开的大手保护、呵护着湿地，充分展示了湿地“水、动物、植物”三个要素，体现了湿地保护和管理的宗旨。

代表类型二：
展示湿地公园典型景观

广东广州海珠国家湿地公园标志

设计理念：运用了取意自然的毛笔泼墨手法，勾勒出海珠湿地典型的果基鱼塘湿地景观。万亩果林的缩影、绿地和倒影等生态要素的形象，形成一幅大气、质朴又不失灵动的画面，赋予了整体标志直观性、识别性、创意性和艺术美感。

代表类型三：
自然与人文元素的融合

杭州西溪国家湿地公园标志

设计理念：设计包含三部分：一是取材西溪湿地常见的水鸟白鹭立于芦苇中的剪影，展现西溪湿地生机盎然的生态环境；二是绿色的河流和池塘，构成独具西溪特色的地形地貌；三是西溪湿地文字的印章式设计，寓意西溪湿地深厚的历史文化底蕴。

代表类型四：
抽象化的单色设计

江苏天福国家湿地公园标志

设计理念：以水鸟、桥苑及徽派的江南意韵结合，印记着历史文化积淀的手法。结合中国印章形式的处理，融入风景如画的自然中，水的灵动与景的传神，勾勒出自然生态的和谐共生。

* 相对于彩色Logo，单色设计在应用中避免了因Logo而造成通篇必须彩色印刷的问题，并且能更好地适应版面设计的各种底色，在实际应用上体现了环境友好。

管理性标识标牌　解说性标识标牌

续

标志性标识标牌 标志性展示		**简介** 对标志性符号，或湿地公园主题特色的进一步艺术演绎，可以平面、立体等各种造型艺术形式呈现，以突出视觉冲击力和感染力	**设置位置** 设立于公园主要入口、广场等关键目的地，或通往公园的主要交通干道车程5～10min的道路一侧，使游客在最短时间内，心生抵达感或地域感	**注意事项** 设计应强调个性化和在地化，制作上优先选择当地原料和传统制造工艺和建筑风格，避免片面追求形式上的夸张和奢华

案例解析

四川邛海国家湿地公园入口处标志性展示

高大树形设计的入口，寓意湿地公园自然环境和谐优美。采用抽象处理的艺术化手法和金属材质，制造强烈的视觉冲击，让人印象深刻。树叉之间的鸟巢装饰制作精细，和整体标志的抽象化产生明显视觉对比，营造浓浓的生机和温馨感觉。

©四川邛海国家湿地公园

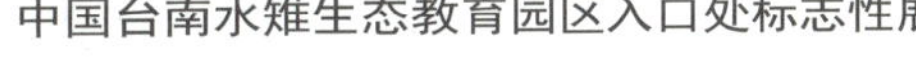

中国台南水雉生态教育园区入口处标志性展示

本标志性展示设立在园区入口处，将园区主要保护物种水雉的形态、动作、栖息地、育雏行为用剪影式的艺术创作方式加以呈现，为初抵的游客营造欢迎气氛和鲜明的园区宣教主题印象。

摄影©雍怡

香港湿地公园游客中心入口处标志性展示

香港湿地公园选择当地最有代表性的迁徙水鸟黑脸琵鹭作为其标志性展示的设计元素，又创新性的选择金属材质和折纸式形态，新颖的创意视觉效果强烈，让游客对公园的保育目标和旗舰物种印象深刻。

©香港湿地公园

管理性标识标牌　解说性标识标牌

续

公告性标识标牌 公园范围界线标识标牌	★★★	**简介** 对公园的范围、界限所设立的标识，以提醒游客所在的区域的属性及是否可进入的区域	**设置位置** 设于公园及主要功能区出入口、边界、及需提醒游客不能进入的区域边界。在游客经常到达的地段可适当增设界桩密度（如每隔200m）	**注意事项** 造型、版面等形式上无须特殊设计，简洁清晰即可。材质需耐用、易于获得、且价格合理

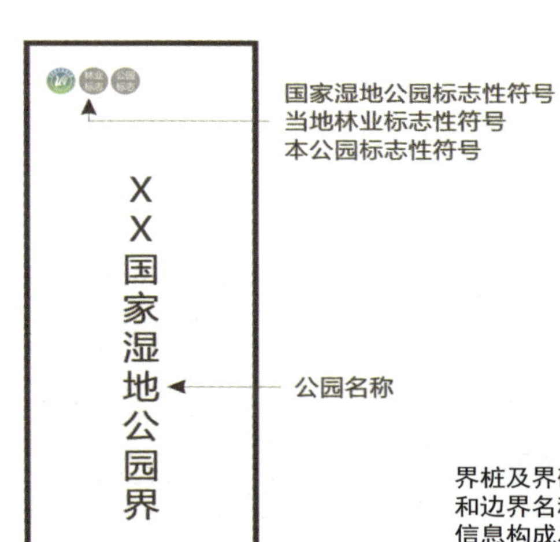

界桩及界碑上应有基本的公园logo和边界名称信息。字体相对较大，信息构成尽量简单，便于游客快速阅读，设置上可以在游客经常达到的边界段可适当增加布设密度（如每隔200m）社里界桩标识。

案例解析

国家湿地公园是湿地保护体系的重要组成部分，对于很多具有重要保护价值的区域，发挥着重要的抢救性保护意义。因此，用界碑界桩标注湿地公园区域范围，强调湿地保护的责任和规范，是湿地公园标识体系的重要内容。

©青海洮河源国家湿地公园

续

管理性标识标牌 解说性标识标牌

公告性标识标牌 公园范围界线标识标牌		**简介** 对公园的范围、界限所设立的标识，以提醒游客所在的区域的属性及是否可进入的区域	**设置位置** 设于公园及主要功能区出入口、边界、及需提醒游客不能进入的区域边界。在游客经常到达的地段可适当增设界桩密度（如每隔200m）	**注意事项** 造型、版面等形式上无需特殊设计，简洁清晰即可。材质需耐用、易于获得、且价格合理

基本版式

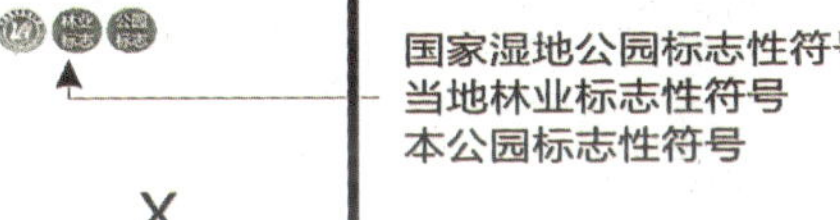

XX国家湿地公园界 ← 公园名称

编号：JZA001 ← 标识牌编号

案例解析

界碑界桩的设计应内容简洁、醒目。必须包含的内容包括：①湿地公园全称和“界”字，如“xxx国家湿地公园界”；②标准化界碑编号。如空间许可，可选内容包括：①列印湿地公园的标志性符号（参见标准化设计章节要求，对于多色的标识，在界碑上可选择单色印制）；②界碑界桩所在的湿地公园功能分区。

©内蒙古图里河国家湿地公园/湖南毛里湖国家湿地公园

管理性标识标牌 解说性标识标牌

续

公告性标识标牌 规范制度标识标牌	★★★	**简介** 对湿地公园建设管理有重要指导意义的相关法律法规和规章制度的公告，以提醒游客关注和遵守，并强化相关管理要求	**设置位置** 设立于科普宣教区和管理服务区的出入口广场或游客必达区域	**注意事项** 相关内容不宜演绎，应引用原文的相关条款，并标明援引出处。形式也以简洁清晰为宜

基本版式

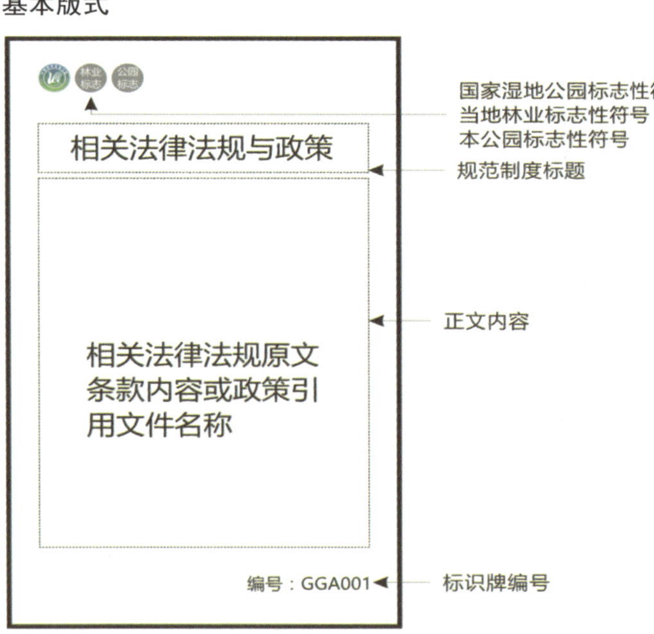

案例解析

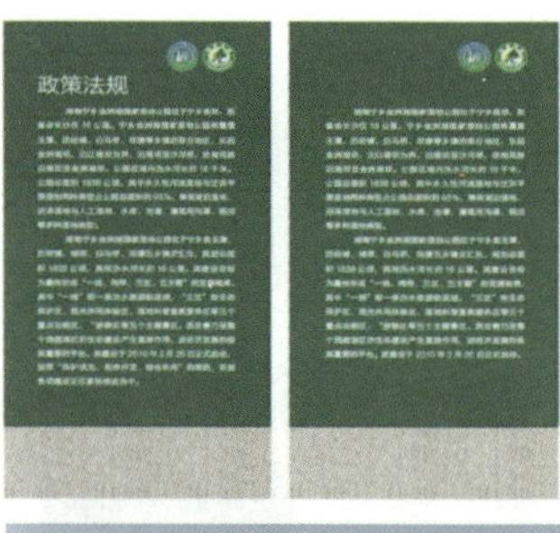

左：规范制度标牌不宜对多篇、全文完整大幅版面陈列，应形式简洁、内容清晰，确保游客可以快速阅读并理解要求。
右：美国奥林匹克国家公园步道入口处设立专门的公告性标识牌，将相关管理规定和行为提示一次性全部公告。

摄影©雍怡

管理性标识标牌　解说性标识标牌

续

公告性标识标牌 游客行为提示标识标牌 ——不可进入范围公告		**简介** 提示游客不可进入的区域范围、时间和管理要求，对于特别敏感区域可注明违规的可能后果以加强警示性	**设置位置** 设立于不可进入区域（如湿地保育区、恢复重建项目工程区、规划设计或后期发展备用地、办公区等）出入口	**注意事项** 标识应明确具体区域名称、位置和范围；阶段性的管理区域应标注禁止进入的时限

基本版式

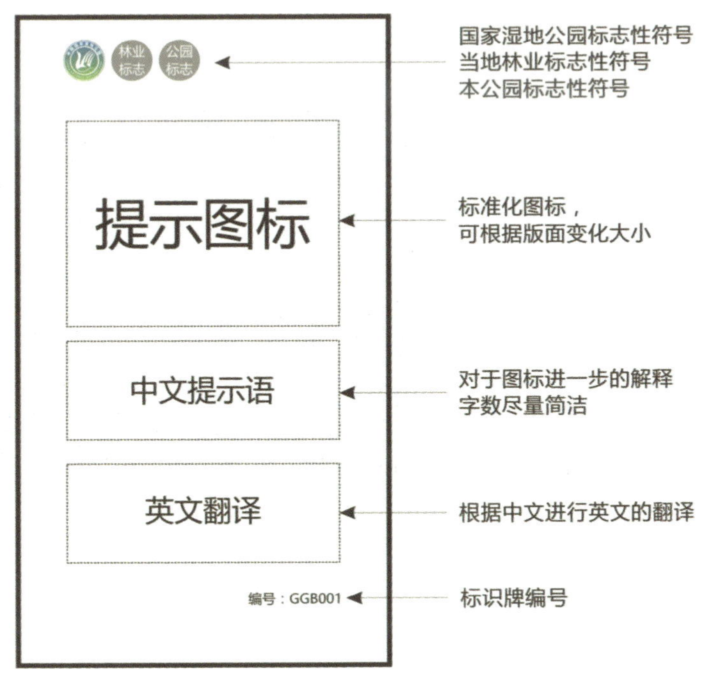

案例解析

- 此类标识标牌应醒目清晰，应选用相关的标准化符号，代替整段的文字，使信息传递更直观简明。
- 图左标识中“湿地公园保护保育区”为不规范写法，应统一为“湿地公园保育区”。

©河北北海滨海国家湿地公园/浙江杭州西溪国家湿地公园

管理性标识标牌 解说性标识标牌

续

公告性标识标牌 游客行为提示标识标牌 ——遵规守纪提醒公告	★★★	**简介** 提示游客爱护湿地环境和动植物等，对特别敏感区可注明违规后果以加强警示性，也可加入爱护动物或鼓励参与保护行动的提示	**设置位置** 设立于合理利用区和宣教展示区的游客可达区域内，包括鸟类等动物栖息地、湿地原生生境植被繁育区、文物古建地段等游客可能聚集的区域	**注意事项** 语气应以友善、认真的提醒、提示、鼓励为主，内容应简洁清晰，不需要过多的渲染设计

基本版式

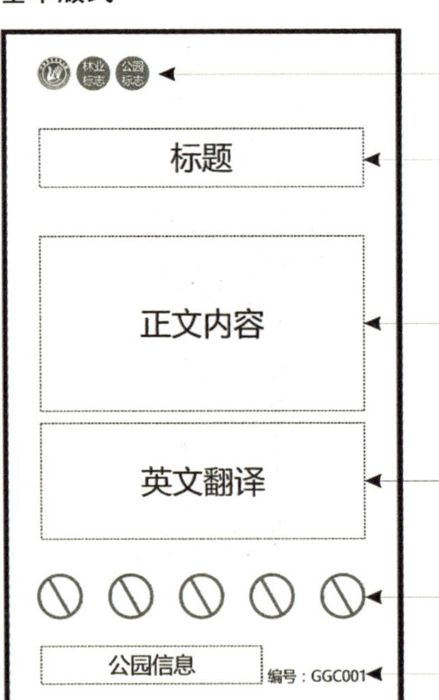

国家湿地公园标志性符号
当地林业标志性符号
本公园标志性符号

公告主标题
如入园须知等

中文正文
文字条理清晰、简洁

根据中文翻译英文
文字量最多不超过
中文的三分之二

主要行为规范的符号

公园基本信息（如联系电话等）
标识牌编号

案例解析

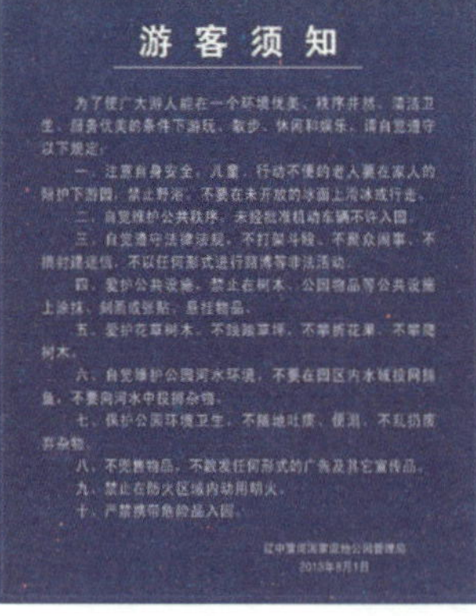

此类标识标牌应内容简洁，醒目清晰，便于游客理解。从游客心理角度来分析，不建议使用大型标识标牌整版面编写大幅文字（上图左）。应采用条目性的描述（上图中），并适当配合相关的标准化符号（上图右），使信息传递更直观简明。

©辽宁蒲河国家湿地公园/江苏天福国家湿地公园/浙江杭州西溪国家湿地公园

管理性标识标牌　解说性标识标牌

续

公告性标识标牌 游客行为提示标识标牌 ——遵规守纪提醒公告		**简介** 提示游客爱护湿地环境和动植物等，对特别敏感区可注明违规后果以加强警示性，也可加入爱护动物或鼓励参与保护行动的提示	**设置位置** 设立于合理利用区和宣教展示区的游客可达区域内，包括鸟类等动物栖息地、湿地原生生境植被繁育区、文物古建地段等游客可能聚集的区域	**注意事项** 语气应以友善、认真的提醒、提示、鼓励为主，内容应简洁清晰，不需要过多的渲染设计

基本版式

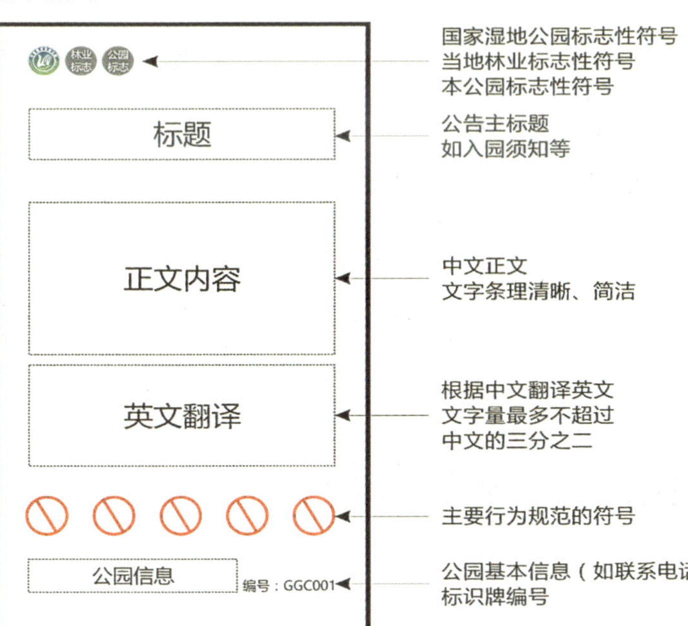

案例解析

美国费城约翰·海恩兹(John Heinz)国家野生动物保护区的游客行为提示标识带有热情的欢迎口吻，并列举了在保护区内允许和禁止的两类行为，更为用户友好。

摄影©沈洵

管理性标识标牌 解说性标识标牌

续

公告性标识标牌 游客行为提示标识标牌 ——安全风险警示公告		**简介** 关于安全注意事项的警示和提醒标识，阐明所存在的风险并提供必要的避险建议	**设置位置** 设立在可能存在安全风险的游客可达区域，特别是在特殊季节有滑坡或落石路段、环山路或深水区步道、野生动物出没区等存在潜在危险地设置	**注意事项** 语气应以准确、严谨的提醒和警示为主，内容应简洁清晰，不需要过多的渲染设计

基本版式

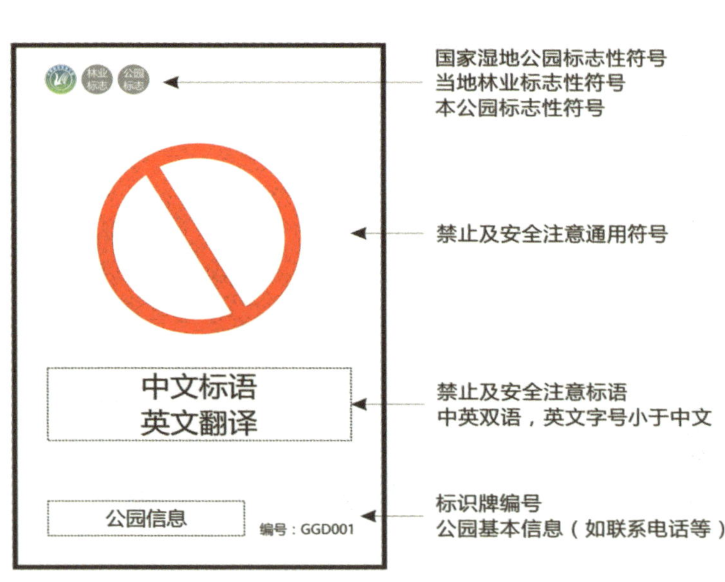

案例解析

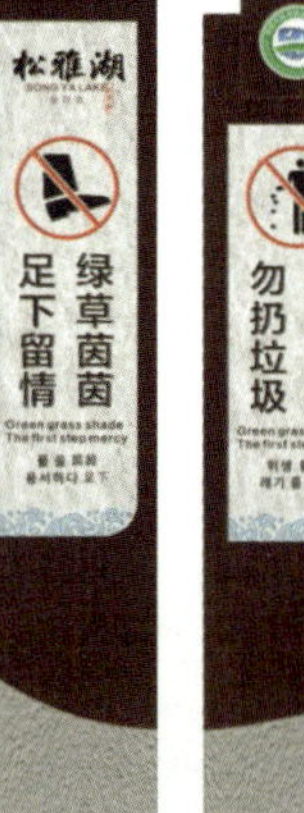

此类标识标牌应醒目清晰。不建议使用过多文字，应选用相关的标准化符号，使信息传递更直观简明。

©湖南松雅湖国家湿地公园

管理性标识标牌　解说性标识标牌

续

公告性标识标牌 游客行为提示标识标牌 ——安全风险警示公告	★★★	**简介** 关于安全注意事项的警示和提醒标识，阐明所存在的风险并提供必要的避险建议	**设置位置** 设立在可能存在安全风险的游客可达区域，特别是在特殊季节有滑坡或落石路段、环山路或深水区步道、野生动物出没区等存在潜在危险地设置	**注意事项** 语气应以准确、严谨的提醒和警示为主，内容应简洁清晰，不需要过多的渲染设计

基本版式

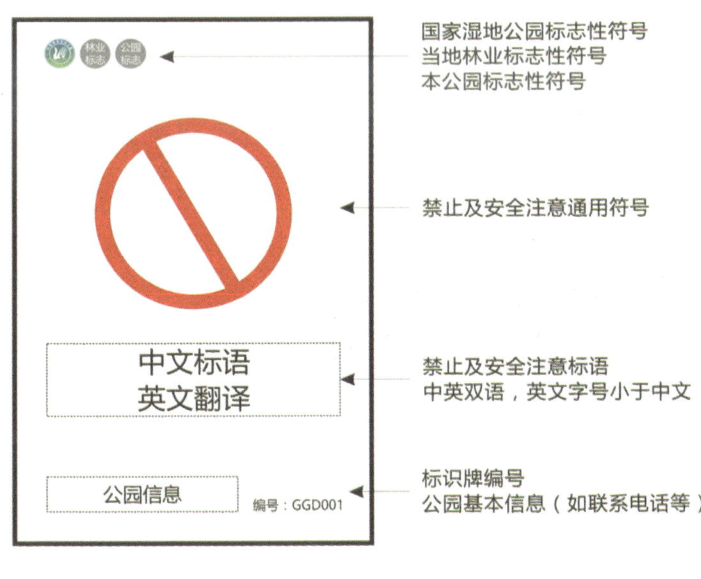

案例解析

中国台湾垦丁公园内的行为提示类标识。此类标识体现对游客安全的关怀，可使用醒目的黄色，并在图文表达上传递关切。

摄影©沈洵

管理性标识标牌 解说性标识标牌

续

指示性标识标牌 服务引导标识		**简介** 公园向公众提供基本公共服务的场所方位和功能的相关标识	**设置位置** 设立在游客服务中心及相关服务点（如售票处、卫生间等）；宣教设施位置标识，如宣教展馆、自然教室等；其他服务标识，如餐饮区等	**注意事项** 一般以标识符号配合简单文字形式呈现，在相关设施入口处设置

基本版式

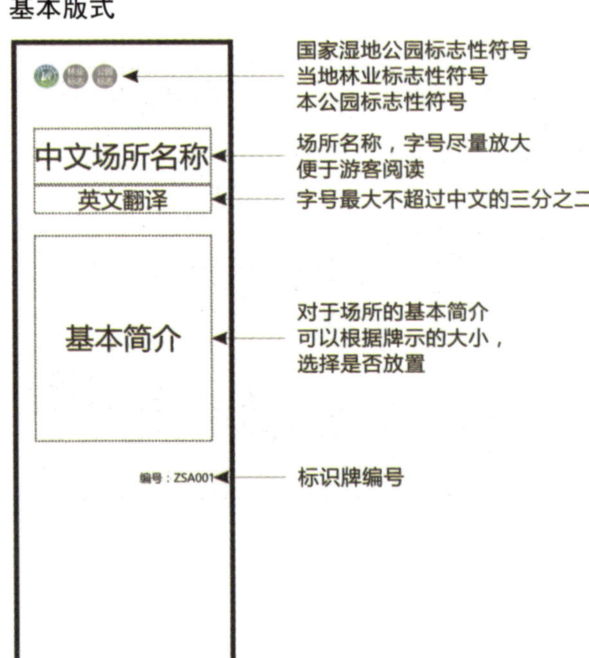

案例解析

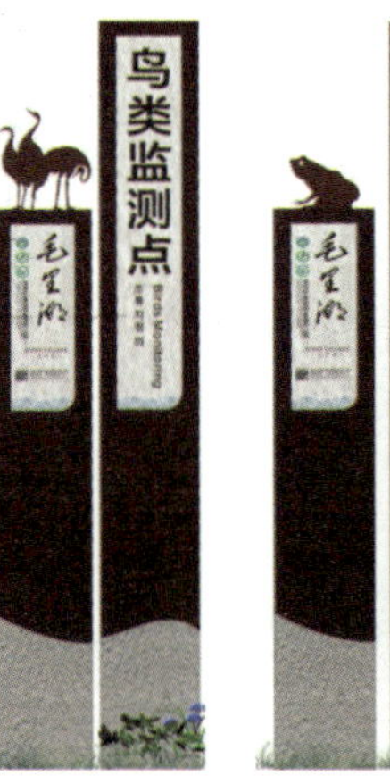

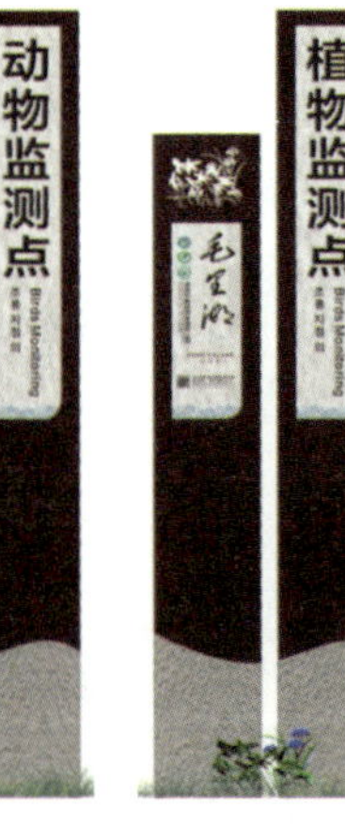

此类标识标牌应醒目清晰。不建议使用过多文字，只要清晰表达所指引目的地方位、距离及如何到达即可。可配合选用相关的标准化符号，传递行为指引等其他必要信息。

©湖南毛里湖国家湿地公园/湖南金洲湖国家湿地公园

管理性标识标牌　解说性标识标牌

续

指示性标识标牌 服务引导标识		**简介** 公园向公众提供基本公共服务的场所方位和功能的相关标识	**设置位置** 设立在游客服务中心及相关服务点（如售票处、卫生间等）；宣教设施位置标识，如宣教展馆、自然教室等；其他服务标识，如餐饮区等	**注意事项** 一般以标识符号配合简单文字形式呈现，在相关设施入口处设置

基本版式

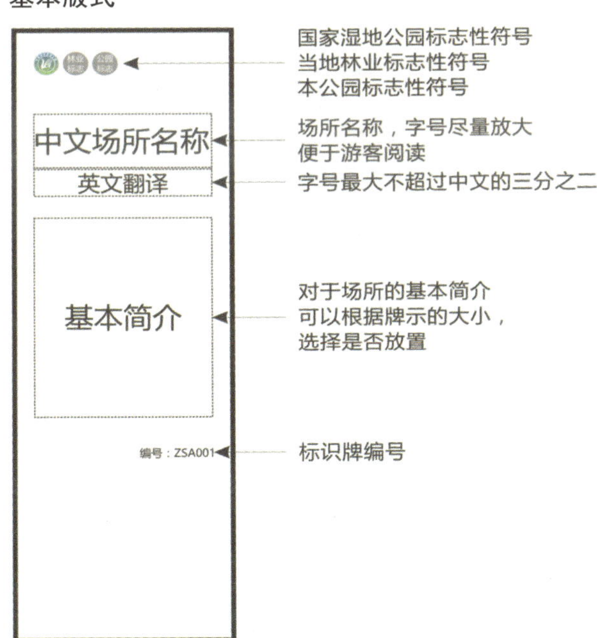

案例解析

香港湿地公园的指示性标识标牌标明了访客中心及周边主要步道、设施的方位。由于公园范围较小，距离各目的地步行时间差异很小，可以不必标明具体距离。

摄影©雍怡

管理性标识标牌 解说性标识标牌

续

指示性标识标牌 外部交通引导标识		**简介** 为如何通过外部交通系统抵达湿地公园提供道路编码、方向、距离、位置等信息的标识	**设置位置** 设立在高速公路沿线及到达公园最近的下匝道口前、到达公园主要道路沿线和交叉路口、公园入口处的停车场、交通接驳点等地	**注意事项** 内容按国家标准《国家道路交通标牌、标识、标志、标线设置规范及验收标准》执行

基本版式

案例解析

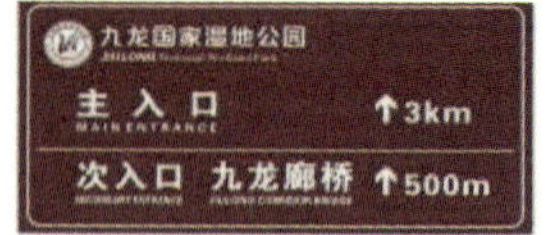

此类标识标牌应醒目清晰。标明方向、距离、如何抵达等交通信息即可。由于阅读视距远，时间非常短，此类标识不需要附图片。

管理性标识标牌 解说性标识标牌

续

指示性标识标牌 内部交通车行系统引导标识	★★★	**简介** 湿地公园交通接驳车或机动车（如有允许）站点、行使方向和路线、班次信息、与沿线景观、资源关系等信息的标识	**设置位置** 设立在湿地公园出入口、交通接驳车或机动车（如有允许）沿线，包括起始及中途站点、交叉路口、停车场、无障碍通道等地	**注意事项** 一般以标识符号配合地点名称、距离、目的地等简洁文字的形式呈现，准确表述方向、距离、游线等信息

基本版式

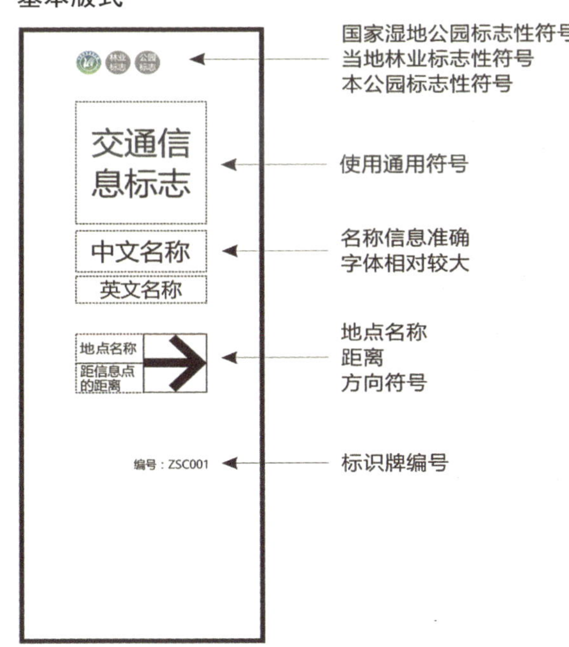

案例解析

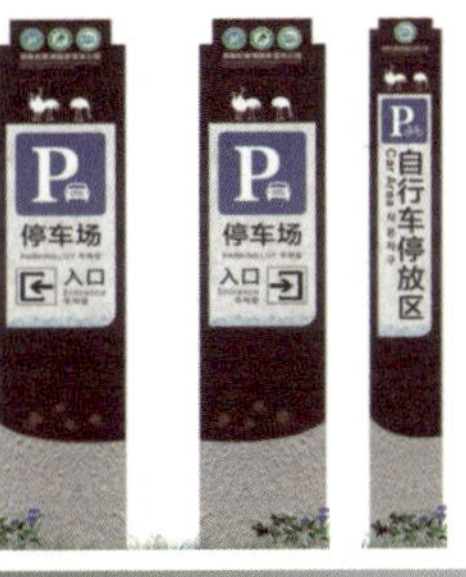

左上：湖南松雅湖国家湿地公园/内蒙古图里河国家湿地公园交通引导标识
左下：美国优诗美地国家公园接驳车内的解说标识标牌
右图：美国优诗美地国家公园接驳车车站站牌上对车行路线的解说

左上：©湖南松雅湖国家湿地公园/内蒙古图里河国家湿地公园；左下、右图：摄影©雍怡

管理性标识标牌　解说性标识标牌

续

指示性标识标牌 内部交通步行系统引导标识		**简介** 湿地公园内部步行系统位置、距离、方向、路线、开放时间（如有）、与沿线景观、资源关系等信息的标识	**设置位置** 设立在湿地公园主要游步道起点、沿途、目的地、交叉路口、无障碍通道等地。标识与游客移动方向垂直，以便游客可以正面快速有效阅读信息	**注意事项** 一般以标识符号、箭头配合地点名称、距离等简洁文字形式呈现。对于有海拔高程的公园，宜增加海拔，或通过编号方式定位

基本版式

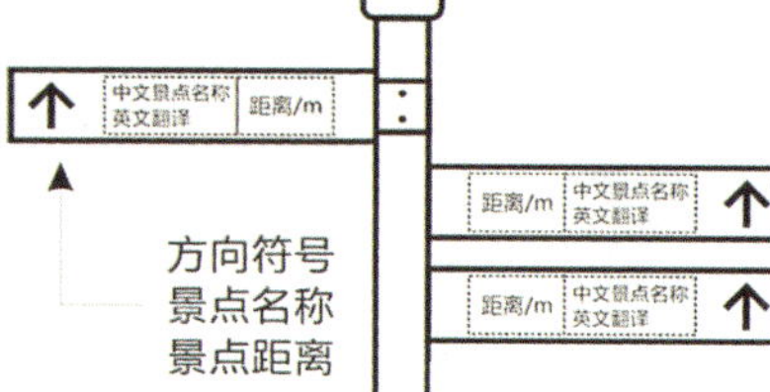

标识的设立应与游客移动方向垂直，以便游客可以正面快速有效阅读信息。
对于区域面积较大或有海拔高程差的公园，宜增加海拔、经纬度，或通过编号定位方式明确标识位置。

案例解析

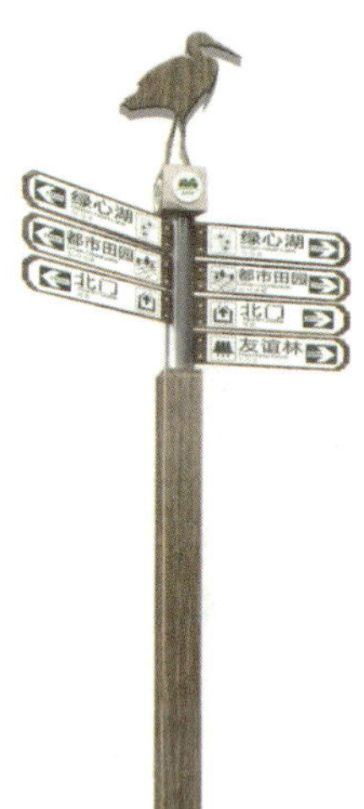

步行系统引导标识应包含目的地、方向、距离等信息，方便步行者根据其内容规划自己的游览行程。形式上不必复杂，但考虑到此类标识在公园全范围内大量使用，可以加入宣教系统的主题元素，烘托公园的宣教特色（如右图立柱上的鹭鸟装饰性设计）。

©辽宁莲花国家湿地公园/ 广东广州海珠国家湿地公园

管理性标识标牌　解说性标识标牌

续

指示性标识标牌 内部交通步行系统引导标识		**简介** 湿地公园内部步行系统位置、距离、方向、路线、开放时间（如有）、与沿线景观、资源关系等信息的标识	**设置位置** 设立在湿地公园主要游步道起点、沿途、目的地、交叉路口、无障碍通道等地。标识与游客移动方向垂直，以便游客可以正面快速有效阅读信息	**注意事项** 一般以标识符号、箭头配合地点名称、距离等简洁文字形式呈现。对于有海拔高程的公园，宜增加海拔，或通过编号方式定位

基本版式

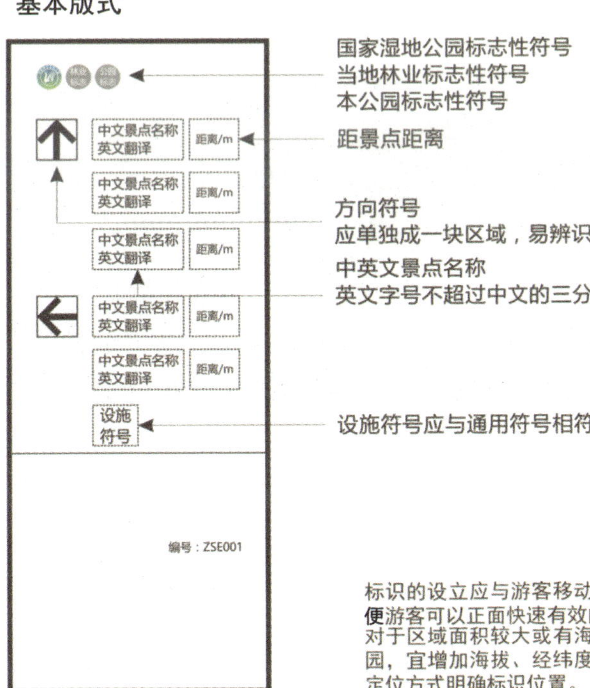

国家湿地公园标志性符号
当地林业标志性符号
本公园标志性符号

距景点距离

方向符号
应单独成一块区域，易辨识

中英文景点名称
英文字号不超过中文的三分之二

设施符号应与通用符号相符

标识的设立应与游客移动方向垂直，以便游客可以正面快速有效阅读信息。
对于区域面积较大或有海拔高程差的公园，宜增加海拔、经纬度，或通过编号定位方式明确标识位置。

案例解析

左：美国优诗美地国家公园交通枢纽点的交通引导标识。
右：台北阳明山公园内的步道引导标识，形式简洁，内容包括步道的名称、距离起点和终点的距离、海拔高度、并可通过编号定位。

摄影©雍怡

专栏 4-2 解说性标识标牌

管理性标识标牌 | 解说性标识标牌

续

解说性标识标牌 单体资源型解说标识标牌 ——生物资源		**简介** 在湿地公园宣教资源清单中针对某一单体生物资源进行解说的标识标牌，包括但不限于湿地定义类型、结构、功能等基础知识	**设置位置** 湿地知识和植物类标识应设立于可以直接观察到解说对象的位置；动物类标识应设立在有较高频率观察到该物种的位置，如该物种栖息地等	**注意事项** 应包括物种在形态习性、适宜生境、与其他物种关系等识别性特点介绍，辅助配图。也可介绍经济价值，或人类对该物种的保护

基本版式

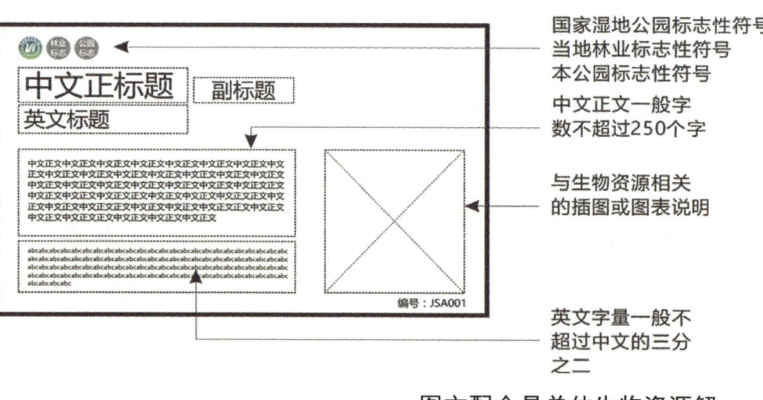

图文配合是单体生物资源解说最常见的版面设计。

案例解析

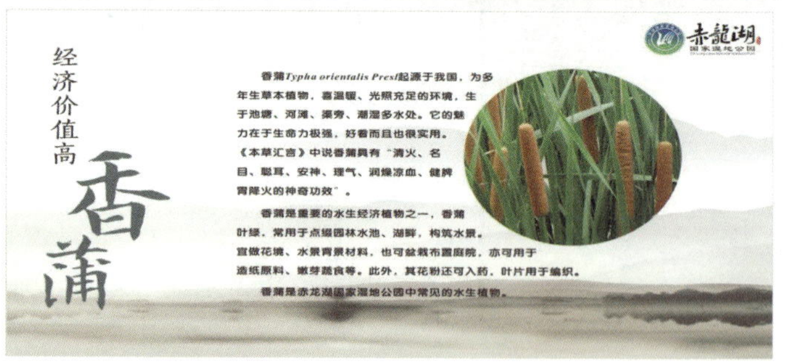

右上：©内蒙古根河源国家湿地公园的植物资源解说牌；右下：©湖北赤龙湖国家湿地公园的植物解说牌

管理性标识标牌　解说性标识标牌

续

解说性标识标牌 单体资源型解说标识标牌 ——生物资源		**简介** 在湿地公园宣教资源清单中针对某一单体生物资源进行解说的标识标牌，包括但不限于湿地定义类型、结构、功能等基础知识	**设置位置** 湿地知识和植物类标识应设立于可以直接观察到解说对象的位置；动物类标识应设立在有较高频率观察到该物种的位置，如该物种栖息地等	**注意事项** 应包括物种在形态习性、适宜生境、与其他物种关系等识别性特点介绍，辅助配图。也可介绍经济价值，或人类对该物种的保护

基本版式

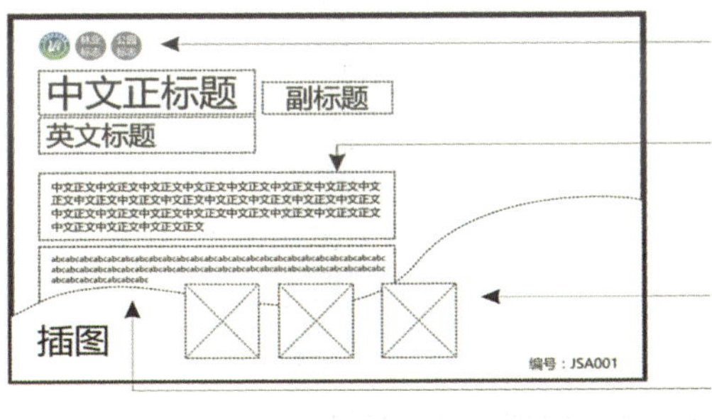

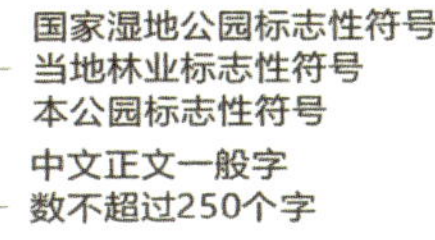
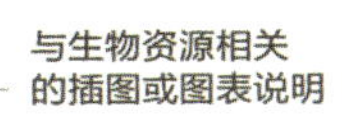

案例解析

©云南普者黑国家湿地公园关于湿地植物的解说标牌。

©重庆汉丰湖国家湿地公园用插图结合照片特写的方式介绍昆虫。

管理性标识标牌 解说性标识标牌

续

解说性标识标牌 单体资源型解说标识标牌 ——生物资源		**简介** 在湿地公园宣教资源清单中针对某一单体生物资源进行解说的标识标牌，包括但不限于湿地定义类型、结构、功能等基础知识	**设置位置** 湿地知识和植物类标识应设立于可以直接观察到解说对象的位置；动物类标识应设立在有较高频率观察到该物种的位置，如该物种栖息地等	**注意事项** 应包括物种在形态习性、适宜生境、与其他物种关系等识别性特点介绍，辅助配图。也可介绍经济价值，或人类对该物种的保护

基本版式

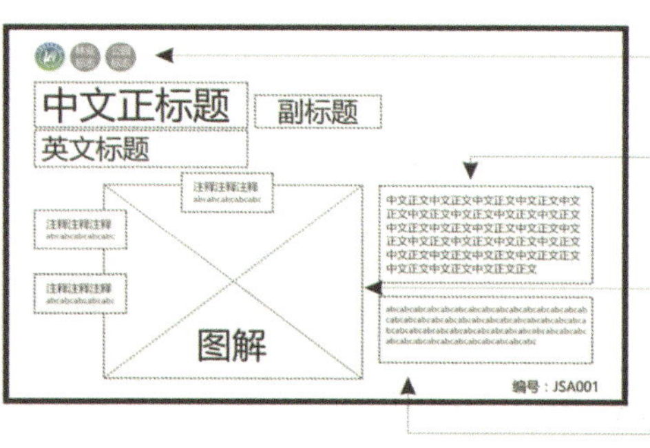

国家湿地公园标志性符号
当地林业标志性符号
本公园标志性符号

中文正文一般字数不超过250个字

与生物资源相关的图解及注释

英文字量一般不超过中文的三分之二

版式变化

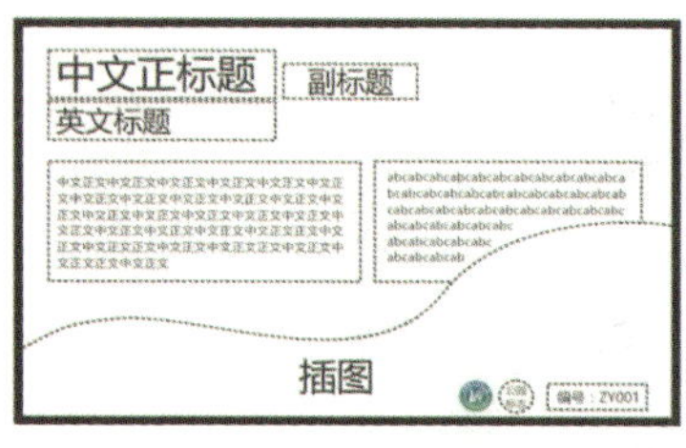

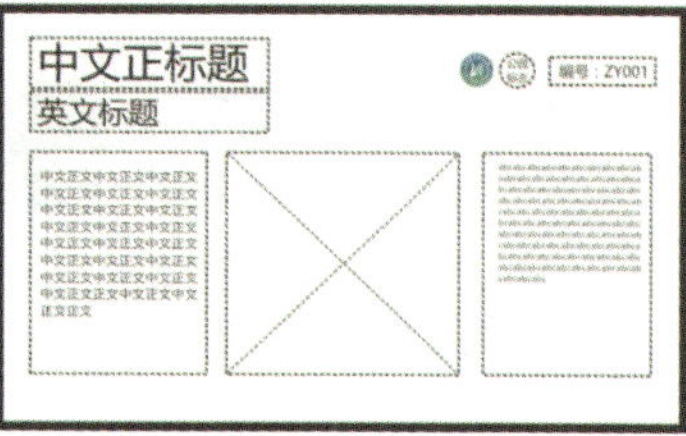

运用满版照片或插图作为底图，或者对解说文字进行适当的分栏与版面设计，让解说标识标牌的阅读方式更为生动灵活。

案例解析

上：美国优诗美地国家公园从生命周期的角度介绍蝴蝶。

摄影©雍怡

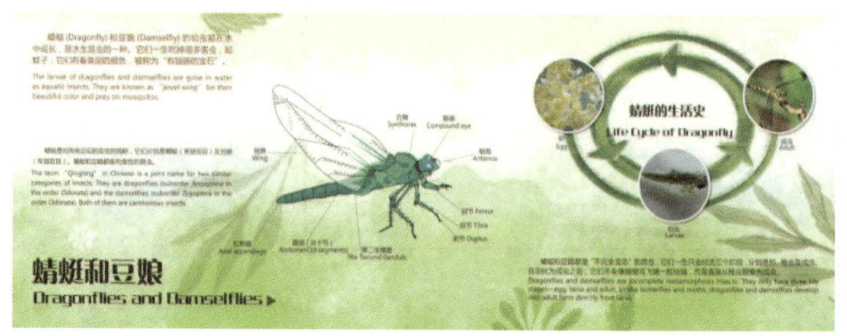

下：江苏沙家浜国家湿地公园从生活史角度介绍蜻蜓和豆娘的区别。

管理性标识标牌 解说性标识标牌

续

解说性标识标牌 单体资源型解说标识标牌 ——生物资源		**简介** 在湿地公园宣教资源清单中针对某一单体生物资源进行解说的标识标牌，包括但不限于湿地定义类型、结构、功能等基础知识	**设置位置** 湿地知识和植物类标识应设立于可以直接观察到解说对象的位置；动物类标识应设立在有较高频率观察到该物种的位置，如该物种栖息地等	**注意事项** 应包括物种在形态习性、适宜生境、与其他物种关系等识别性特点介绍，辅助配图。也可介绍经济价值，或人类对该物种的保护

基本版式

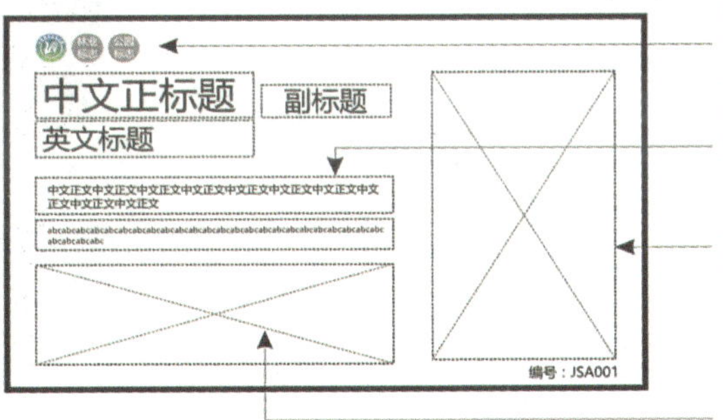

国家湿地公园标志性符号
当地林业标志性符号
本公园标志性符号

中文正文一般字数不超过250个字

与生物资源相关的解说装置

与生物资源相关的图解

案例解析

物种介绍类的解说型标牌要为游客观察物种提供指引。广东海珠国家湿地公园的水鸟标识中标明了体长范围、形态特征、繁殖季节、适宜观察季节等信息，还装饰有水鸟足印的拓印，为游客提供更丰富的互动体验。

管理性标识标牌 解说性标识标牌

续

解说性标识标牌 单体资源型解说标识标牌 ——非生物自然资源		**简介** 在湿地公园宣教资源清单中针对某一单体非生物自然资源进行解说的标识标牌，包括但不限于：湿地水文、地形地貌、气候等	**设置位置** 应设立于视野较为开阔、能较为完整观察到该水文、地质或气候资源的位置	**注意事项** 应包括与湿地生态、功能、景观相关的水文信息、地质地貌的类型和形成原因、气候特点等信息

基本版式

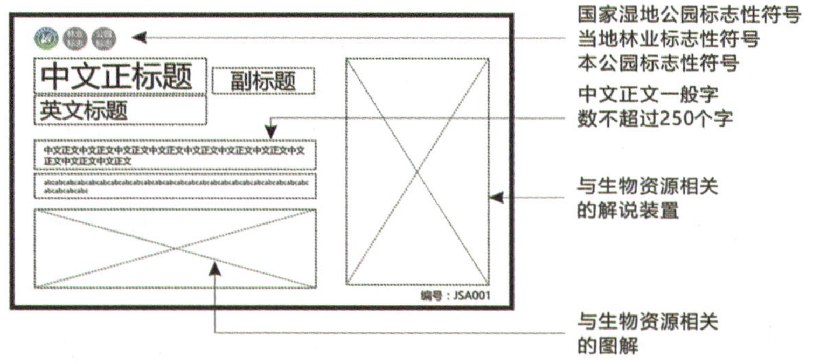

版式变化

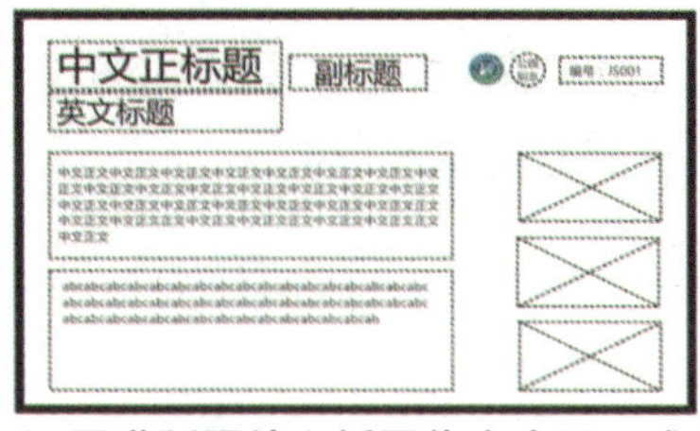

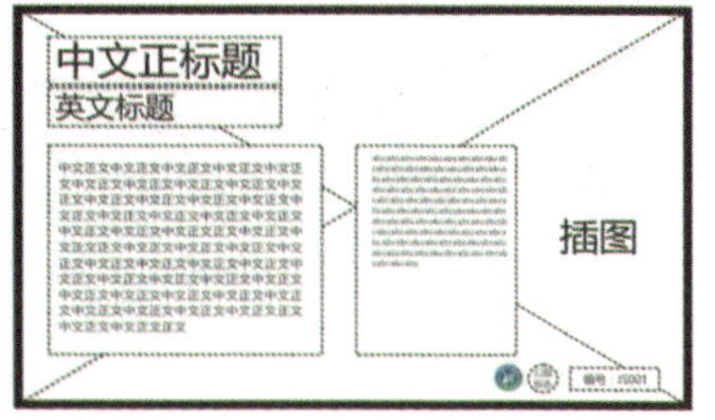

运用满版照片和插图作为底图，或者适当增加配图，用图片说话，提升解说牌的生动性。

案例解析

美国黄石国家公园用手绘示意图的方式讲解地热泉的原理、相关地质构造、发生的过程、分布的地域范围及其对环境及生物的影响等相关知识。

摄影©雍怡

续

解说性标识标牌 单体资源型解说标识标牌 ——非生物自然资源		**简介** 在湿地公园宣教资源清单中针对某一单体非生物自然资源进行解说的标识标牌，包括但不限于：湿地水文、地形地貌、气候等	**设置位置** 应设立于视野较为开阔、能较为完整观察到该水文、地质或气候资源的位置	**注意事项** 应包括与湿地生态、功能、景观相关的水文信息、地质地貌的类型和形成原因 、气候特点等信息

基本版式

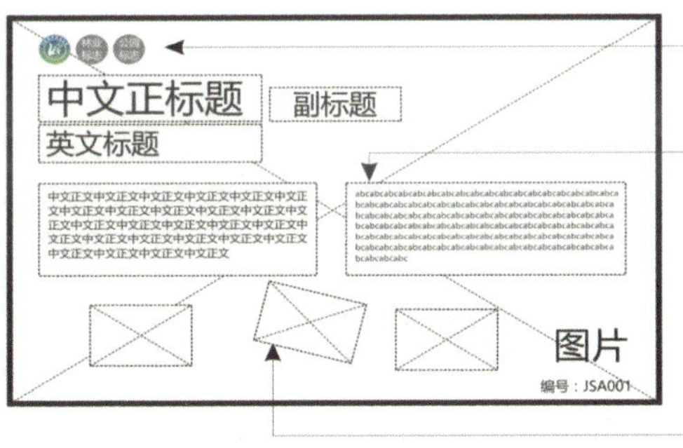

国家湿地公园标志性符号
当地林业标志性符号
本公园标志性符号

中文正文一般字数不超过250个字

与资源相关的图片

版式变化

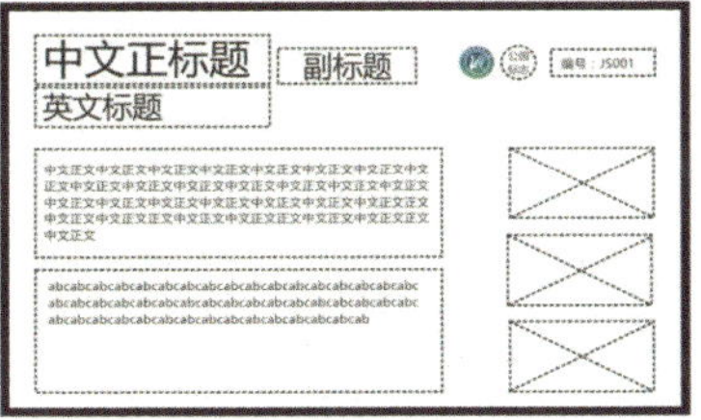

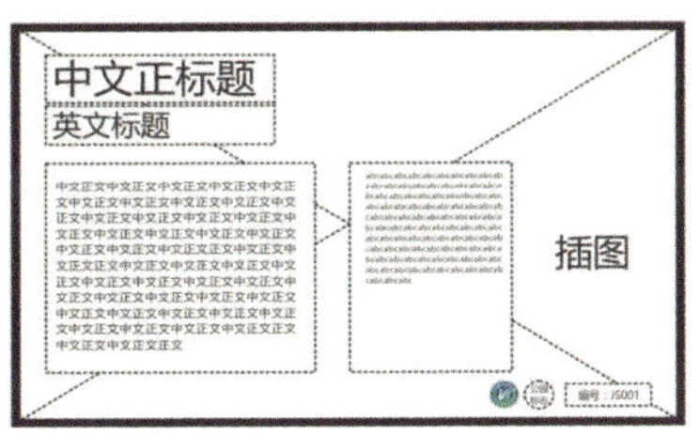

运用满版照片和插图作为底图，或者适当增加配图，用图片说话，提升解说牌的生动性。

案例解析

中国台湾台北阳明山公园用图文并茂的方式介绍核心景点小油坑的火山地形地貌特征、原理、历史变迁等信息。

摄影©陆君

管理性标识标牌 解说性标识标牌

续

解说性标识标牌 基于资源共性的 主题型解说标识标牌		**简介** 对于一系列具有特征共性的解说资源设计的复合型标识标牌，如同一类或具有共同生物学特征的植物、动物等	**设置位置** 应设立于能直接观察或具有较高频率观察到标识标牌介绍的主题内容的位置	**注意事项** 不需要对每个单一资源进行面面俱到的介绍，应突出所有资源的共性。可适当突出其中最有代表性的资源以系统介绍该知识点

基本版式

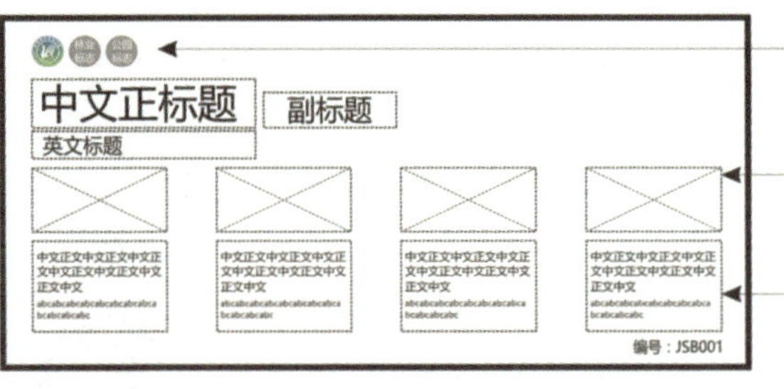

国家湿地公园标志性符号
当地林业标志性符号
本公园标志性符号

相关资源
的插图说明

相关资源
的文字说明

版式变化

可适当突出其中一种最有代表性的资源以系统介绍该知识点。

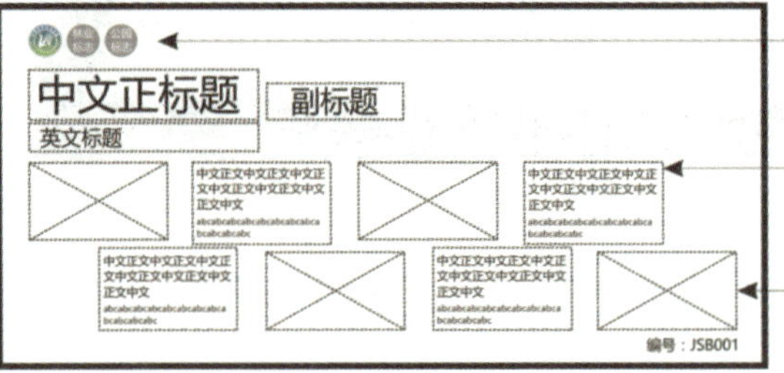

国家湿地公园标志性符号
当地林业标志性符号
本公园标志性符号

相关资源
的文字说明

相关资源
的插图说明

案例解析

美国华盛顿国家动物园内用版画式的设计风格介绍各种类型的水鸟形态、分类上的特点、共性和差异（如喙的不同类型）。

摄影©雍怡

管理性标识标牌　解说性标识标牌

续

解说性标识标牌 基于生态系统的 主题型解说标识标牌		**简介** 以生态系统为基础，介绍具有相关性的物种、种间关系或系统结构及功能等知识的复合型标识标牌，如食物链、共生、竞争关系等	**设置位置** 应设立于能直接观察或具有较高频率观察到标识标牌介绍的主题内容的位置	**注意事项** 不需要面面俱到的介绍，而应该突出资源间的相互关系。可适当突出一种最有代表性或独特性的资源，如食物链的顶级生物等

基本版式

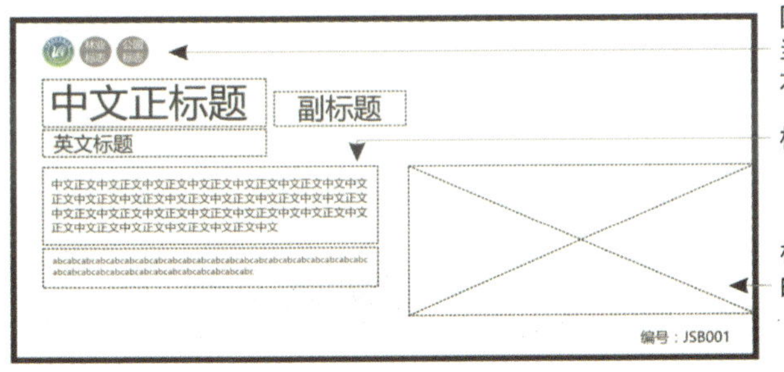

国家湿地公园标志性符号
当地林业标志性符号
本公园标志性符号

相关资源的文字说明

相关资源
的插图说明

案例解析

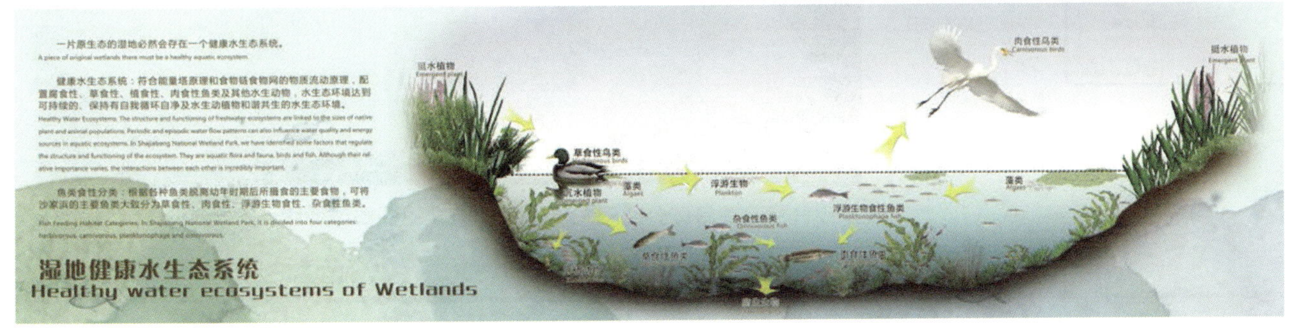

上：中国台湾鹅銮鼻公园内关于潮间带植物分布的介绍标牌。

下：江苏沙家浜国家湿地公园关于湿地生态系统结构、功能、主要物种及种间关系的介绍。

管理性标识标牌 解说性标识标牌

续

解说性标识标牌 基于生态系统的 主题型解说标识标牌		**简介** 以生态系统为基础，介绍具有相关性的物种、种间关系或系统结构及功能等知识的复合型标识标牌，如食物链、共生、竞争关系等	**设置位置** 应设立于能直接观察或具有较高频率观察到标识标牌介绍的主题内容的位置	**注意事项** 不需要面面俱到的介绍，而应该突出资源间的相互关系。可适当突出一种最有代表性或独特性的资源，如食物链的顶级生物等

基本版式

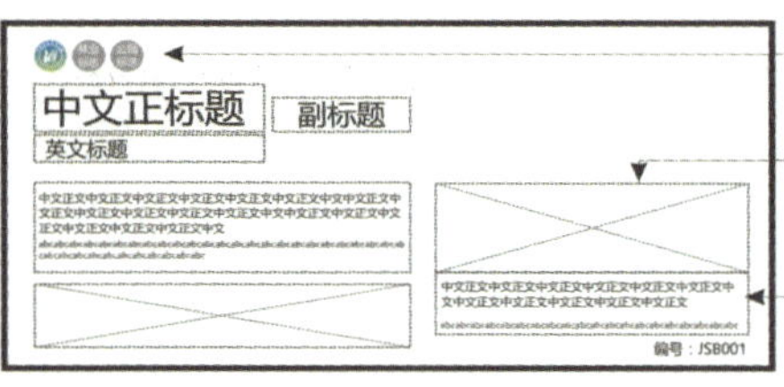

国家湿地公园标志性符号
当地林业标志性符号
本公园标志性符号
相关资源
的插图说明
相关资源
的文字说明

版式变化

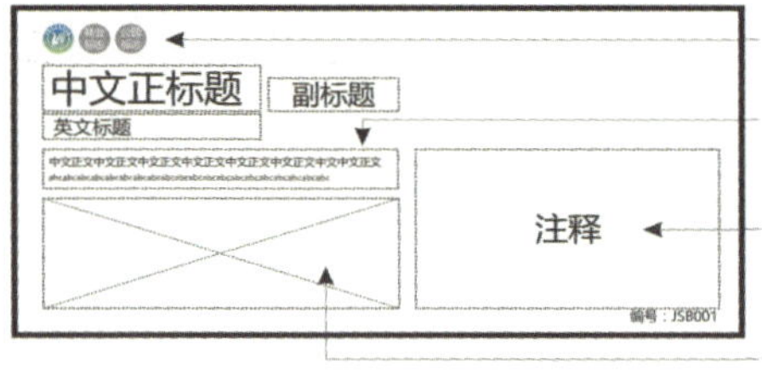

国家湿地公园标志性符号
当地林业标志性符号
本公园标志性符号
相关资源的文字说明
相关资源的插图说明
相关资源的插图

案例解析

中国台湾关渡自然公园内关于湿地功能介绍的解说标牌。

摄影©雍怡

解说性标识标牌 基于生态系统的 主题型解说标识标牌		**简介** 以生态系统为基础，介绍具有相关性的物种、种间关系或系统结构及功能等知识的复合型标识标牌，如食物链、共生、竞争关系等	**设置位置** 应设立于能直接观察或具有较高频率观察到标识标牌介绍的主题内容的位置	**注意事项** 不需要面面俱到的介绍，而应该突出资源间的相互关系。可适当突出一种最有代表性或独特性的资源，如食物链的顶级生物等

基本版式

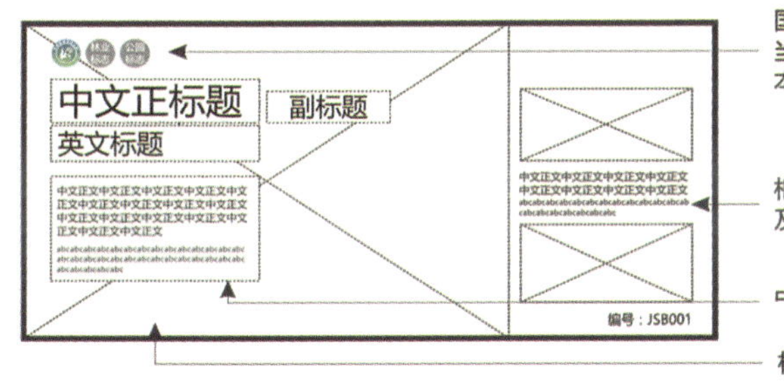

版式变化

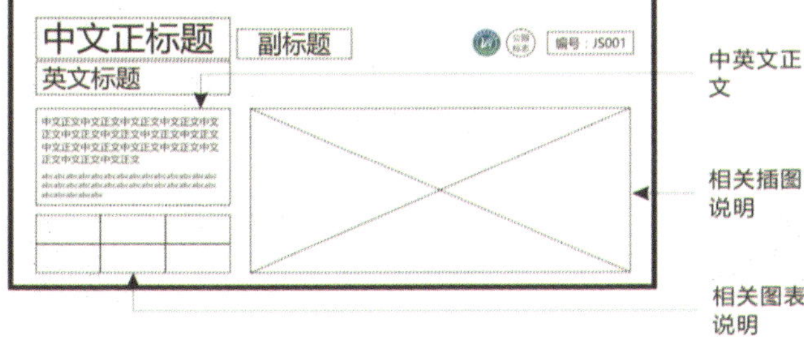

案例解析

美国黄石国家公园对海登谷的自然景观、湿地生态、野生动物、地质地貌等信息进行系统化的介绍，呈现一个完整的自然生态系统概念。

摄影©雍怡

管理性标识标牌 | **解说性标识标牌**

续

解说性标识标牌 基于管理策略的 主题型解说标识标牌		**简介** 介绍湿地保护和恢复等管理策略的流程、原理、成效等内容的复合型标识标牌，如湿地功能图解、保护项目技术路线、成效对比等	**设置位置** 应设立于能直接观察到标识标牌介绍的项目点或示范项目所在地，以使游客可以直观感受和理解相关内容	**注意事项** 科学性强、内容较复杂，应在确保科学严谨的基础上，尽可能使用手绘插图、流程图、原理图等方式予以更清晰、直观、生动的解释

基本版式

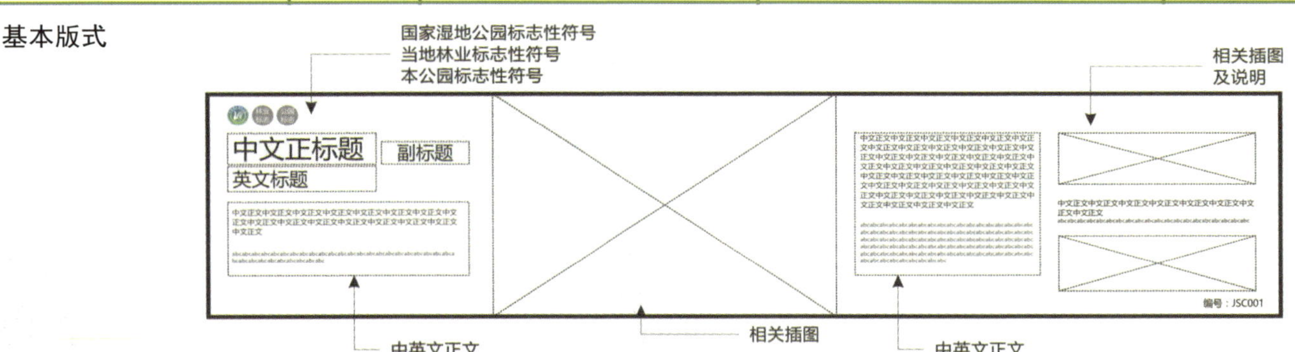

案例解析

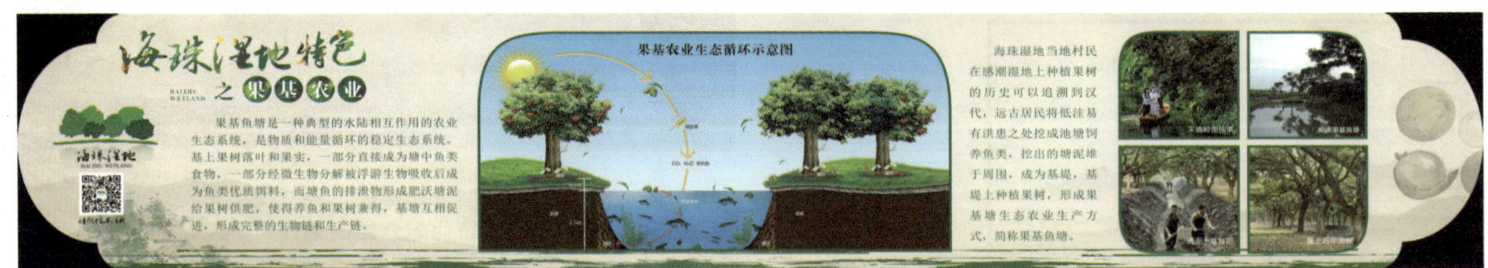

湿地管理策略中往往涉及科学技术、方法、原理等知识性内容的介绍，用示意图的方式解说，有助于游客阅读理解。

©广东广州海珠国家湿地公园

续

管理性标识标牌 | 解说性标识标牌

解说性标识标牌 基于管理策略的 主题型解说标识标牌		**简介** 介绍湿地保护和恢复等管理策略的流程、原理、成效等内容的复合型标识标牌，如湿地功能图解、保护项目技术路线、成效对比等	**设置位置** 应设立于能直接观察到标识标牌介绍的项目点或示范项目所在地，以使游客可以直观感受和理解相关内容	**注意事项** 科学性强、内容较复杂，应在确保科学严谨的基础上，尽可能使用手绘插图、流程图、原理图等方式予以更清晰、直观、生动的解释

基本版式

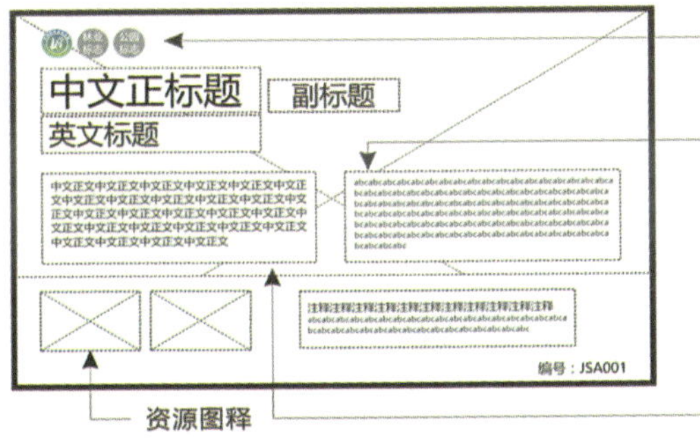

国家湿地公园标志性符号
当地林业标志性符号
本公园标志性符号

中文正文一般字数不超过250个字

资源图释

相关资源图片

版式变化（前后对比）

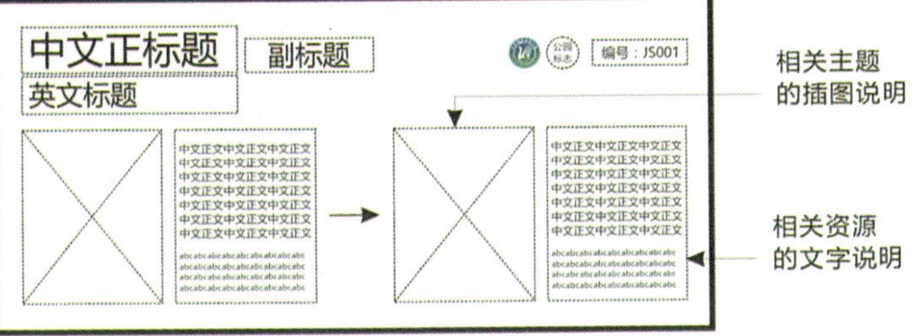

相关主题的插图说明

相关资源的文字说明

通过介绍管理策略实施前后发生的变化，从而加深游客对于湿地公园保护策略的认识。

案例解析

中国台北阳明山公园的步道解说牌特别讲解了阳明山徒步路径各种自然步道铺面制作方法的历史变迁和改良过程，及铺面设计如何考虑游客使用时的舒适和便利。

摄影©雍怡

管理性标识标牌　解说性标识标牌

续

解说性标识标牌 基于管理策略的 主题型解说标识标牌		**简介** 介绍湿地保护和恢复等管理策略的流程、原理、成效等内容的复合型标识标牌，如湿地功能图解、保护项目技术路线、成效对比等	**设置位置** 应设立于能直接观察到标识标牌介绍的项目点或示范项目所在地，以使游客可以直观感受和理解相关内容	**注意事项** 科学性强、内容较复杂，应在确保科学严谨的基础上，尽可能使用手绘插图、流程图、原理图等方式予以更清晰、直观、生动的解释

基本版式

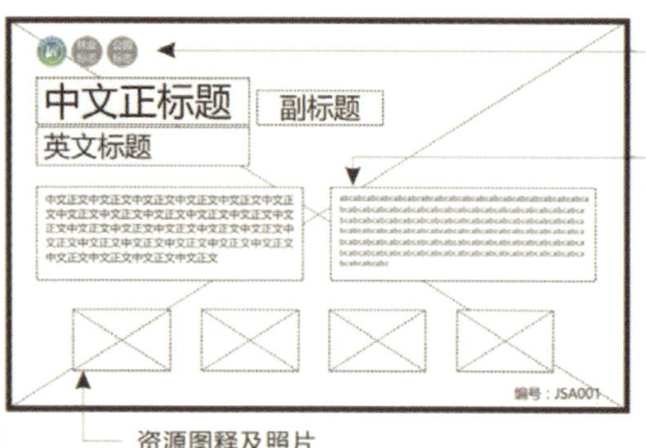

国家湿地公园标志性符号
当地林业标志性符号
本公园标志性符号
中文正文一般字数不超过250个字
资源图释及照片

通过介绍管理策略实施前后发生的变化，从而加深游客对于湿地公园保护策略的认识。

案例解析

中国台湾海洋科技博物馆关于棕地（brown field，指曾被用于工业或开发用途的土地）修复前后对比的解说牌，告知游客博物馆所在土地是在历史上的垃圾填埋场基础上恢复重建起来，通过视觉冲击强烈的前后对比图，通过解说给游客直观的认知感受。

摄影©徐荣崇

管理性标识标牌 | 解说性标识标牌

续

解说性标识标牌 基于管理策略的 主题型解说标识标牌		**简介** 介绍湿地保护和恢复等管理策略的流程、原理、成效等内容的复合型标识标牌，如湿地功能图解、保护项目技术路线、成效对比等	**设置位置** 应设立于能直接观察到标识标牌介绍的项目点或示范项目所在地，以使游客可以直观感受和理解相关内容	**注意事项** 科学性强、内容较复杂，应在确保科学严谨的基础上，尽可能使用手绘插图、流程图、原理图等方式予以更清晰、直观、生动的解释

基本版式

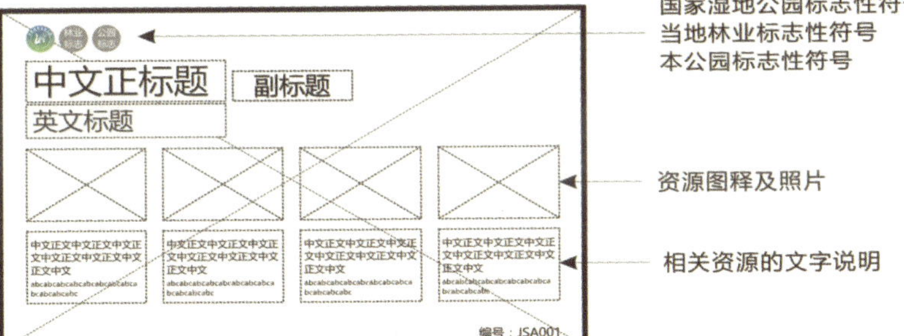

案例解析

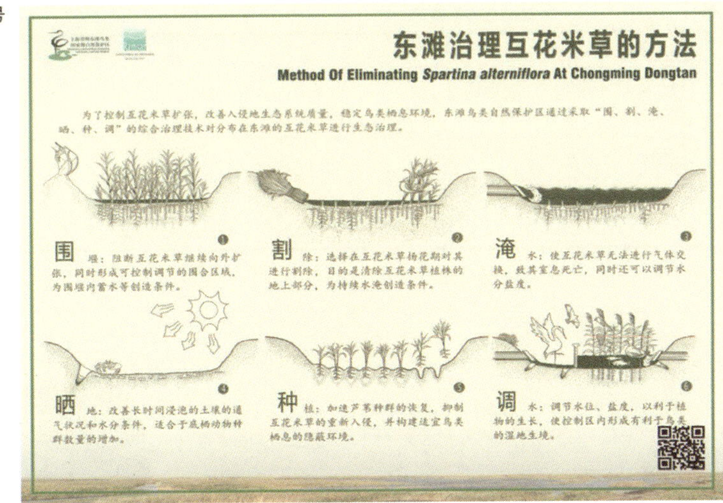

湿地管理策略中往往涉及科学技术、方法、原理等知识性内容的介绍，用示意图将各种策略逐一介绍，并比较管理策略实施后的成效是有助于游客阅读理解的方法。

©上海崇明东滩鸟类国家级自然保护区

管理性标识标牌 解说性标识标牌

续

解说性标识标牌 基于湿地文化的 主题型解说标识标牌		**简介** 介绍与湿地知识、保护、恢复等相关的湿地文化复合型标识标牌，如湿地合理利用的历史、习俗，与水资源保护相关的风俗文化等	**设置位置** 应设立于能直接观察到与标识标牌所介绍的湿地文化相关的素材和实物所在位置，或历史遗迹地	**注意事项** 湿地文化类标识标牌的设计宜图文并茂，生动阐释相关信息，但应易于理解，并蕴含与湿地保护相关的深意

基本版式

国家湿地公园标志性符号
当地林业标志性符号
本公园标志性符号

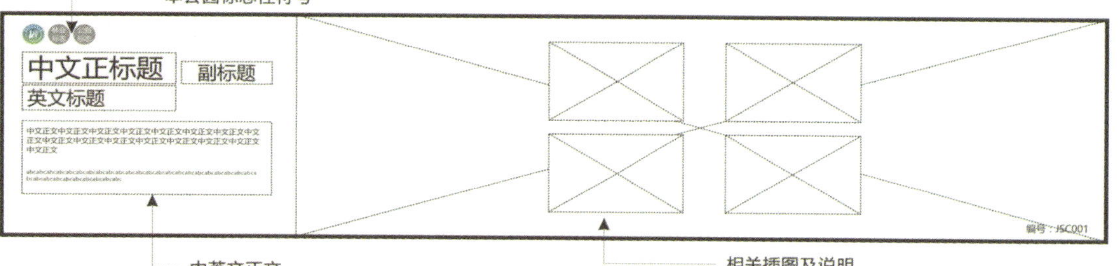

中英文正文

相关插图及说明

案例解析

广东广州海珠国家湿地公园内介绍当地“藏龙潭”的传统风俗，与实地景观相结合，解说人与湿地共融共生的传统文化。

湿地文化的解说标识往往很容易引起游客的兴趣和共鸣，若能将湿地保护和管理的理念融入其中，将是非常好的宣教形式。

© 广东广州海珠国家湿地公园藏龙潭展板

管理性标识标牌 解说性标识标牌

续

解说性标识标牌 基于湿地文化的 主题型解说标识标牌		**简介** 介绍与湿地知识、保护、恢复等相关的湿地文化复合型标识标牌，如湿地合理利用的历史、习俗，与水资源保护相关的风俗文化等	**设置位置** 应设立于能直接观察到与标识标牌所介绍的湿地文化相关的素材和实物所在位置，或历史遗迹地	**注意事项** 湿地文化类标识标牌的设计宜图文并茂，生动阐释相关信息，但应易于理解，并蕴含与湿地保护相关的深意

基本版式

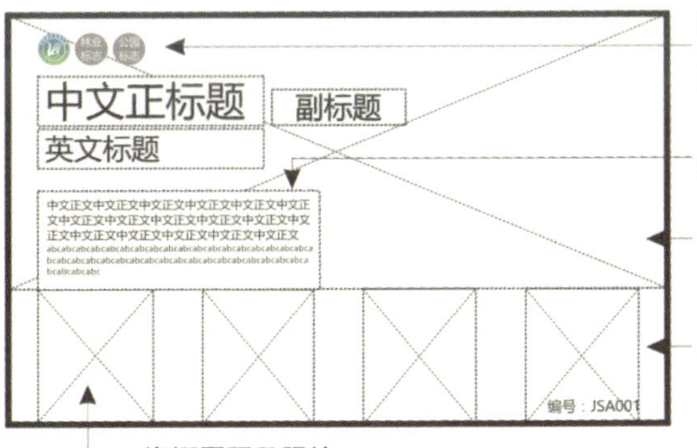

国家湿地公园标志性符号
当地林业标志性符号
本公园标志性符号

中文正文一般字
数不超过250个字

图解

资源图释及照片

资源图释及照片

此类版面的图文关系可自由变化，不限于一图一文，文图的结构关系也可灵活掌握。

案例解析

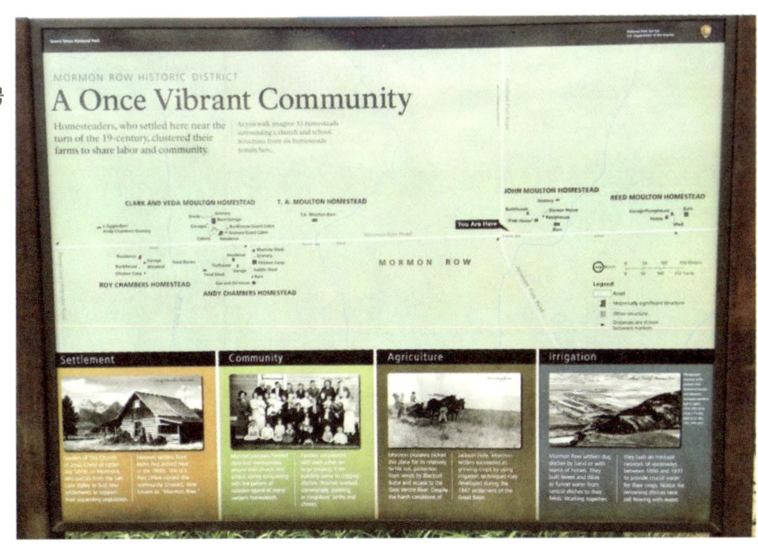

美国大提顿国家公园：用文字、地图、插图等形式介绍国家公园建立前后所见证的一个曾经非常繁盛的农业社区在现代化发展历程中的变迁过程。

摄影©雍怡

管理性标识标牌 | 解说性标识标牌

续

解说性标识标牌 综合型解说标识标牌 ——公园总体导览解说		**简介** 完整介绍公园概况、全景游览地图、主要景点和游线系统、相关服务信息等内容的综合性标牌	**设置位置** 应设立于公园入口、中心广场、交通枢纽点、游客中心等核心设施入口处等游客容易聚集，可辅助游客进一步规划参访行程的位置	**注意事项** 文字介绍应有概括性但突出主题和特色。地图应强调游客使用的友好性

基本版式

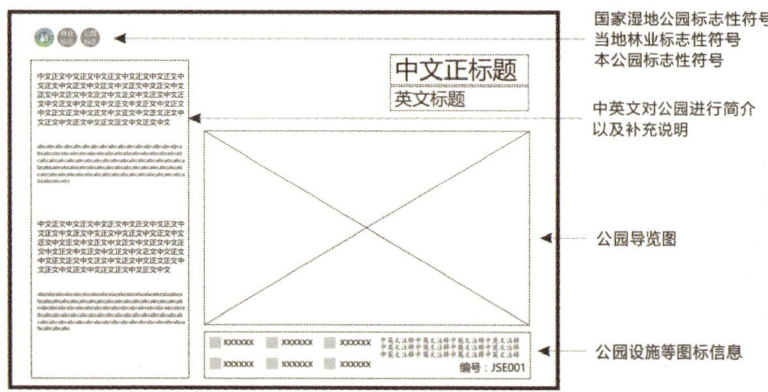

公园总体导览解说牌应该图文关系清晰，重点明确，通常图文分列（垂直或水平均可）。文字介绍应尽可能简洁扼要，如有需要可配合网址、二维码等形式提供延伸的信息介绍。
为强调国家湿地公园的保护和管理目标，应将相关保护信息，如公园的功能分区等信息通过标准化符号等形式融入图中。

案例解析

总体导览地图的设计应注意重点信息的清晰展示，适当提炼地图内容的细节，而不要面面俱到填满信息。同一张解说牌上最好不要出现超过三种字体和字号。此外，各种符号、图例等编排也要尽可能统一。

©浙江杭州西溪国家湿地公园

管理性标识标牌 | 解说性标识标牌

续

解说性标识标牌 综合型解说标识标牌 ——公园总体导览解说		**简介** 完整介绍公园概况、全景游览地图、主要景点和游线系统、相关服务信息等内容的综合性标牌	**设置位置** 应设立于公园入口、中心广场、交通枢纽点、游客中心等核心设施入口处等游客容易聚集，可辅助游客进一步规划参访行程的位置	**注意事项** 文字介绍应有概括性但突出主题和特色。地图应强调游客使用的友好性

基本版式

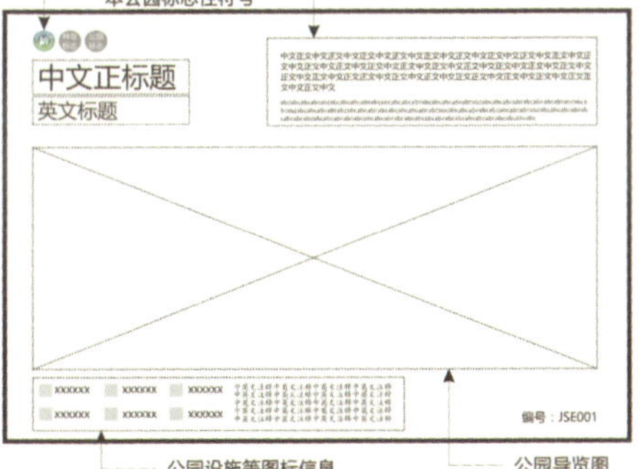

一般来说，图文一体化的公园总体导览解说整体效果更完整，45°倾斜俯视的视角使全景图的画面更立体、更直观。

要注意重点信息的清晰展示，适当删减不需要的细节性信息。由于总体导览解说牌的尺寸一般较大，游客的阅读视距也比较远，字体选择上要大于解说性标识标牌的字体。

另外，应将功能分区等信息合理纳入。

案例解析

©江苏沙家浜国家湿地公园

管理性标识标牌 解说性标识标牌

续

解说性标识标牌 综合型解说标识标牌 ——公园总体导览解说		**简介** 完整介绍公园概况、全景游览地图、主要景点和游线系统、相关服务信息等内容的综合性标牌	**设置位置** 应设立于公园入口、中心广场、交通枢纽点、游客中心等核心设施入口处等游客容易聚集，可辅助游客进一步规划参访行程的位置	**注意事项** 文字介绍应有概括性但突出主题和特色。地图应强调游客使用的友好性

基本版式

国家湿地公园标志性符号
当地林业标志性符号
本公园标志性符号

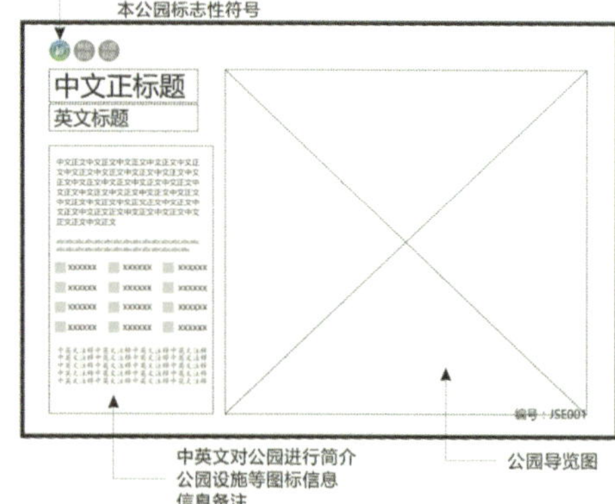

对于区域面积不大的布局图，可以通过图标、图例、标注文字的方式传递必要的信息，而不需要重复性列入整段的文字，使得整幅标牌清晰、简明。

辅助区位关系图可提供更大空间尺度的视角理解当地的空间关系。

案例解析

©上海长江口中华鲟保护区

管理性标识标牌 | 解说性标识标牌

续

解说性标识标牌 综合型解说标识标牌 ——公园总体导览解说		**简介** 完整介绍公园概况、全景游览地图、主要景点和游线系统、相关服务信息等内容的综合性标牌	**设置位置** 应设立于公园入口、中心广场、交通枢纽点、游客中心等核心设施入口处等游客容易聚集，可辅助游客进一步规划参访行程的位置	**注意事项** 文字介绍应有概括性但突出主题和特色。地图应强调游客使用的友好性

基本版式

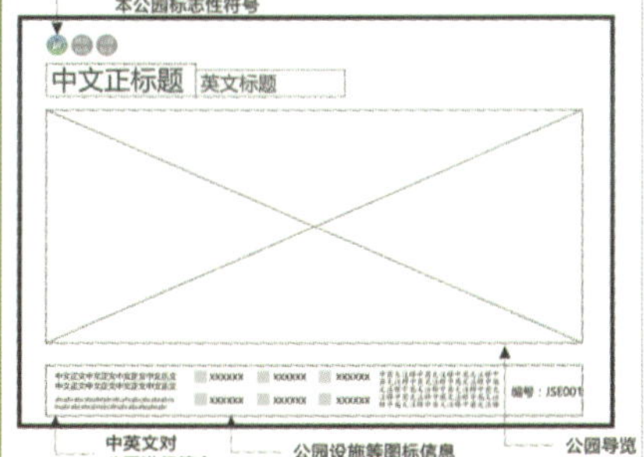

中国台北关渡自然公园的总体导览图，展示了公园的总体布局（中下方小图）以及主要设施区的详细布局（大图），包括功能分区和相关设施的分布及介绍。通过地图，游客可以方便地选择自己的游览路线及目的地。同时，整体手绘的清新风格也很好地烘托了湿地游憩的自然氛围。

案例解析

管理性标识标牌 解说性标识标牌

续

解说性标识标牌 综合型解说标识标牌 ——公园总体导览解说		**简介** 完整介绍公园概况、全景游览地图、主要景点和游线系统、相关服务信息等内容的综合性标牌	**设置位置** 应设立于公园入口、中心广场、交通枢纽点、游客中心等核心设施入口处等游客容易聚集，可辅助游客进一步规划参访行程的位置	**注意事项** 文字介绍应有概括性但突出主题和特色。地图应强调游客使用的友好性

基本版式

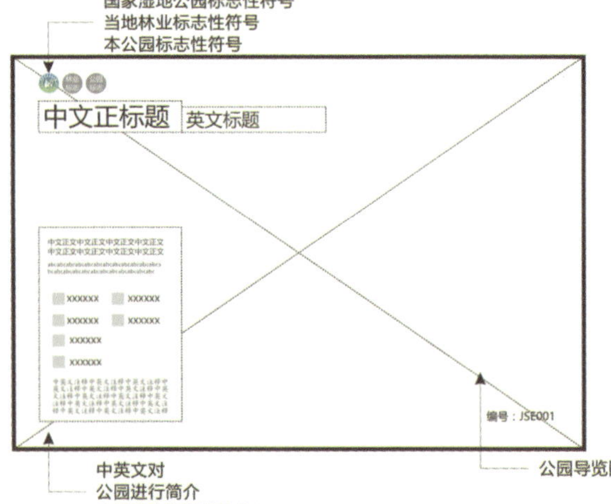

对于区域尺度较大，地形起伏明显的公园，沙盘展示有非常直观的视觉效果，但沙盘承载的信息有限，又需要占据很大的空间，对于中小型湿地宣教场所，必须使用沙盘的情况下，设立在垂直墙面上则是一个巧妙的做法。右图为美国奥利匹克国家公园的立体全局图，设立在通往自然探索中心的过道空间墙壁上，同时作为展示的开篇，起到很好的引入作用。

摄影©雍怡

案例解析

管理性标识标牌 解说性标识标牌

续

解说性标识标牌 综合型解说标识标牌 ——游线介绍（步道起点）		**简介** 介绍某一条游线的主题、路线、走向、距离、沿途主要资源、相关服务信息的综合性标牌	**设置位置** 一般设立于相关游线的步道起点	**注意事项** 文字介绍应有概括性但突出主题和特色。地图应突出游线相关信息，并强调游客使用的友好性

基本版式

国家湿地公园标志性符号
当地林业标志性符号
本公园标志性符号

中文对于游线的介绍

英文翻译

步道导览地图
步道路线
主要资源名称、位置、距离
范围内设施符号、位置、距离

底图

明确游线和主题，用文字结合简单图形标注出游线上的主要资源，以及沿途的相关服务设施（运用标准化通用符号显示）。

案例解析

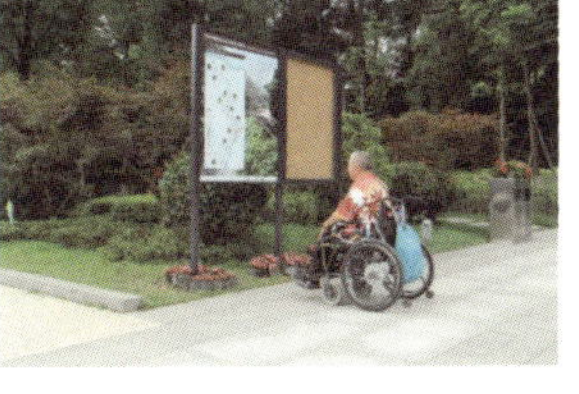

步道起点的综合型解说牌对游客合理规划行程、理解公园的保护价值和管理要求都非常有帮助。

© 贵州贵阳阿哈湖国家湿地公园

管理性标识标牌 解说性标识标牌

续

解说性标识标牌 综合型解说标识标牌 ——游线介绍（步道起点）	★★☆	**简介** 介绍某一条游线的主题、路线、走向、距离、沿途主要资源、相关服务信息的综合性标牌	**设置位置** 一般设立于相关游线的步道起点	**注意事项** 文字介绍应有概括性但突出主题和特色。地图应突出游线相关信息，并强调游客使用的友好性

基本版式

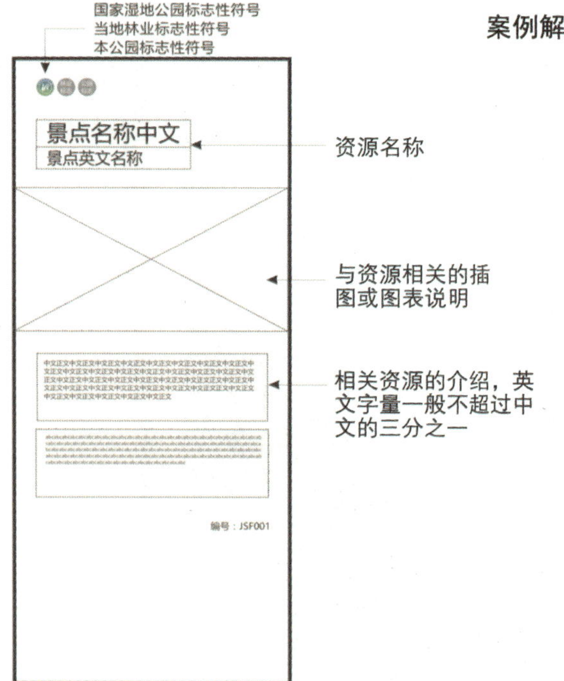

明确游线和主题，用文字结合简单图形标注出游线上的主要资源，以及沿途的相关服务设施（运用标准化通用符号显示）。

案例解析

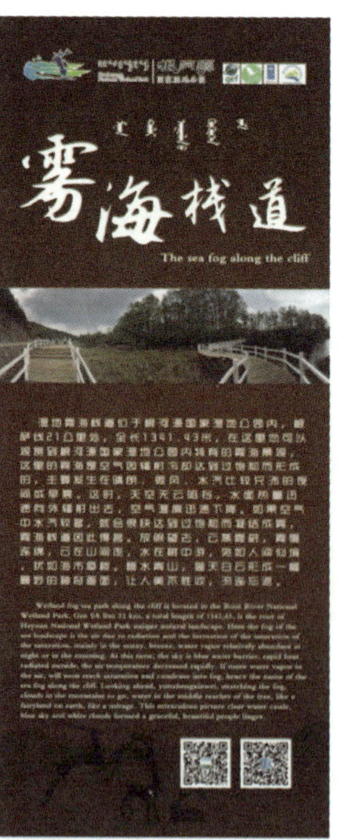

内蒙古根河源国家湿地公园内主要步行游线起点的综合型介绍标识标牌。

续

解说性标识标牌 综合型解说标识标牌 ——游线介绍（步道起点）		**简介** 介绍某一条游线的主题、路线、走向、距离、沿途主要资源、相关服务信息的综合性标牌	**设置位置** 一般设立于相关游线的步道起点	**注意事项** 文字介绍应有概括性但突出主题和特色。地图应突出游线相关信息，并强调游客使用的友好性

案例解析

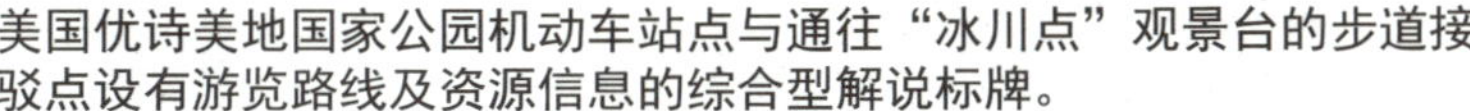
美国优诗美地国家公园机动车站点与通往“冰川点”观景台的步道接驳点设有游览路线及资源信息的综合型解说标牌。

美国大提顿国家公园游步道起点的综合型解说标牌，系统提供关于此步道资源、景观、游览建议及注意事项等相关信息。

摄影©沈洵

管理性标识标牌　解说性标识标牌

续

解说性标识标牌 综合型解说标识标牌 ——景观资源介绍 （步道终点）		**简介** 介绍公园主要景观资源的主题、特色、游览建议、相关服务信息的综合性标牌	**设置位置** 应设立于主要景观资源的所在地，特别是相关游线的终点、观景平台等	**注意事项** 文字介绍应有概括性但突出主题和特色，并附有典型性和视觉冲击力的配图

基本版式

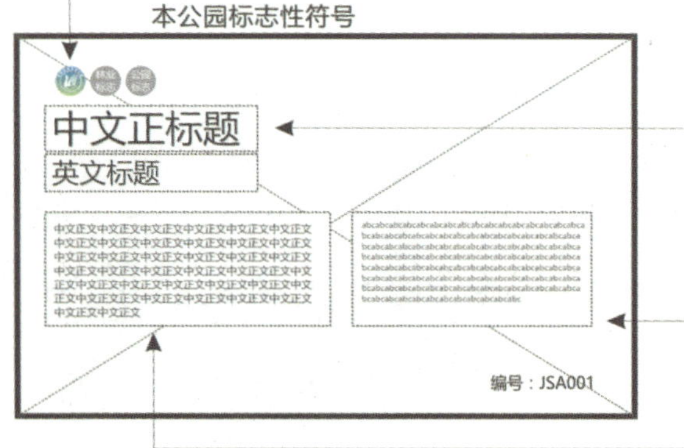

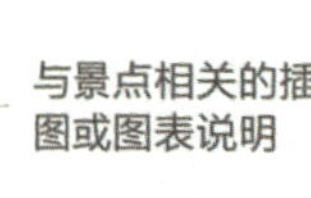

右图：中国台北阳明山公园内用图文配合与观景台天视线一致的天际线解说，介绍整个大屯山系的形态与主要山脉，通过阅读解说标识标牌帮助游客理解公园最有代表性的景观资源。

案例解析

摄影©雍怡

管理性标识标牌 解说性标识标牌

续

解说性标识标牌 综合型解说标识标牌 ——景观资源介绍 （步道终点）		**简介** 介绍公园主要景观资源的主题、特色、游览建议、相关服务信息的综合性标牌	**设置位置** 应设立于主要景观资源的所在地，特别是相关游线的终点、观景平台等	**注意事项** 文字介绍应有概括性但突出主题和特色，并附有典型性和视觉冲击力的配图

基本版式

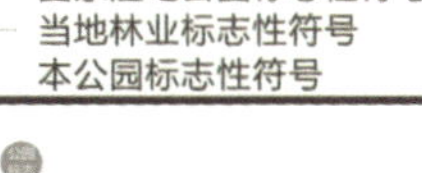

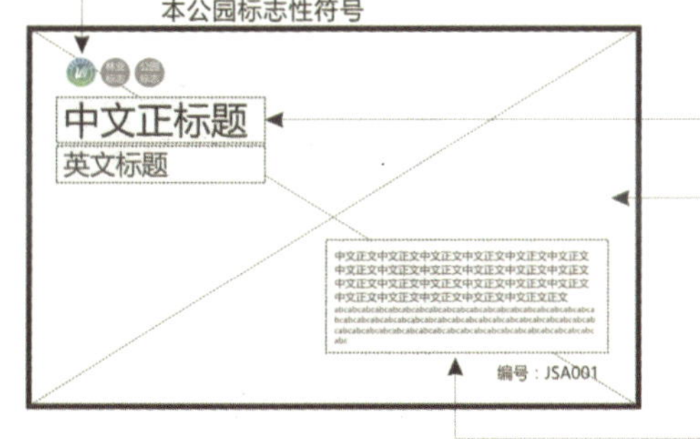

案例解析

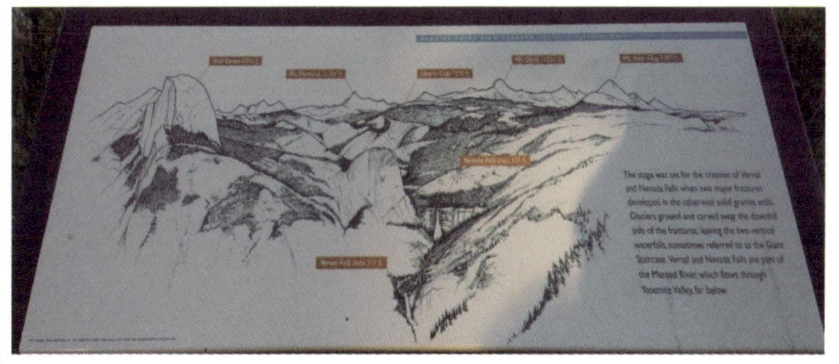

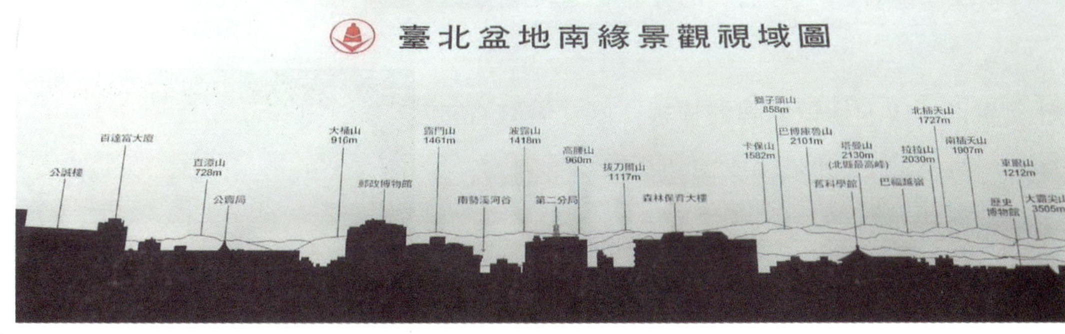

上图：美国优诗美地国家公园重要景观“冰川点”观景台的天际线解说标牌。

下图：设立在中国台北市立大学教学楼的台北市天际线解说标牌，帮助阅读者快速地了解视野所及范围内有哪些主要的地标性建筑。

摄影©雍怡

总结上述案例，概括而言，标识标牌内容设计有以下原则：

4.2.2.1 阅读友好性

标识标牌的图文大小、与步道（阅读者位置）距离、安装角度要充分考虑游客阅读的友好性。一般距离应控制在 40 ～ 60cm，中文印刷字体不小 28pt 左右为宜。大型标识牌宜垂直地面设立，而资源解说型的中小型标识牌，可按 30° ～45° 设置，使游客更轻松地俯视标识牌，且不妨碍观赏周围的资源环境（案例见图 4-4）。

图 4-4　中小型标识牌宜作倾斜设计以便阅读（摄影 © 刘懿）

4.2.2.2 配图重点明确

配图应突出标识标牌内容的重点，如相关物种的照片、示意图或插图。相比照片，插图可以更生动、完整、全面地表现复杂的信息（案例见图 4-5）。

图 4-5　用手绘插图表现复杂生态系统结构（摄影 © 雍怡）

4.2.2.3 背景和装饰运用

标识标牌的背景图可以辅助说明整体环境、当地特色等相关信息，更可将同一主题 / 次主题的解说牌予以系统化。但须注意解说图文与色彩的比重，避免衬底过于突出，影响文字阅读。

将意向性标识、宣教主题等设计元素设计成为标识标牌的模板，既让游客直接感受到宣教设施的系统性及地域性，又能统一风格，烘托国家湿地公园的氛围。

图 4-6　标识标牌排版中的自然留白边框设计（摄影 © 雍怡）

4.2.2.4 文稿分栏

标识标牌的内容可通过分栏编排的方式体现系统性和递进性的信息。配合不同字号的分级标题设计，为游客提供自由选择阅读内容的机会。

4.2.2.5 排版方式

●边框设计：通常应在图文四周留下空白，使版面清晰完整（案例见图 4-6）。一般上下边框宽度为版面主标题字体高度的 1 ～ 1.5 倍，左右边框宽度为版面内最大字体的高度。

●文字排列：一般从左到右较符合阅读习惯，也便于进行双语化的排版。但若因特别设计需要，如展现传统文化元素，古建筑、古诗词等历史特征，可尝试竖版或自右向左的排列，但要注意一个主题或次主题下所有标识标牌风格的统一。

4.2.2.6 多语言设计原则

对于游客量较大，且有较多国际游客参访的国家湿地公园，为使宣教工作国际化，可以将中英双语运用于标识标牌。

英文的翻译以准确、简洁为原则，不需要逐字逐句，以免造成英文篇幅过长，影响版面效果和可阅读性等问题。英文内容一定要由专业人员反复审校，以免由于翻译错误或中西方语言文化差异的用词不准，造成英文标识标牌的内容偏差或错误。

4.2.3 形式设计

4.2.3.1 基本设计参数

见表 4-1。

4.2.3.2 材质选择

标识标牌制作的材质要求应具有环保耐用、易更新维护、视觉上与周围景观协调等特点。应视当地自然环境、气候特点、人文特色及实际设置需要，优先选择当地原材料，并综合考虑耐用性和展示效果。版面和基座常用材质比较参见表 4-2 和表 4-3。常用材质组合方式见表 4-4。

表 4-1　标识标牌的类型和主要设计参数

适用范围	指示性标识标牌	公告性标识标牌	大型 / 复合型解说性标识标牌	中型解说性标识标牌	小型解说性标识标牌	简易解说桩
			综合型解说牌	• 综合型解说牌 • 主题型解说牌 • 资源单体型解说牌	资源单体型解说牌	以资源单体为主，视后台技术条件应用
示意图						
建议尺寸内容版面尺寸	立柱尺寸：高：2.0m，宽：0.1 ~ 0.2m 高：15 ~ 20cm，长度：40 ~ 50cm	立柱尺寸：高：2.0m（立柱），宽：0.1 ~ 0.2m，版面尺寸：高：0.6 ~ 0.8m，宽：0.3 ~ 0.5m	高：2.0m（立柱）1.2m（版面）宽：以 0.6m 为单位，可多个平铺。一般以 1.8 ~ 2.4m 为宜。	垂直竖排版： 高：1.5 ~ 2.0m（立柱），0.8 ~ 1.2m（版面）宽：0.6m 倾斜横排版：高：0.8 ~ 1.0m（立柱），0.4 ~ 0.6m（版面），宽：0.6 ~ 1.0m	倾斜横排版*：高：0.6 ~ 0.8m（立柱），0.3 ~ 0.4m（版面），宽：0.4 ~ 0.6m	高：0.8 ~ 1.0m 宽：0.2 ~ 0.3m
安装角度	与地面垂直	与地面垂直	与地面垂直	与地面垂直或成 45°	与地面成 45°	与地面垂直
备注	形式灵活，可根据需要 360° 设计	不建议做过于复杂的设计，应尽可能快速直接传递信息	形式较为灵活，可组合成三角形或正方形的立体结构	竖排版的高度应使主要阅读内容与人的视线平行，而倾斜横排版则考虑人俯视的舒适度	考虑人俯视的舒适度，注意字体不宜过大使图文不协调，或过小而不宜阅读	一般仅使用意向性符号或二维码，提供简洁醒目的信息

* 中小型解说型标识标牌一般设立在步道两侧。为不遮挡周边自然环境，一般不宜过高。为了方便游客俯视阅读，应采用倾斜式安装。倾斜式安装的标识标牌又分为独立安装或依附现有基础设施安装等形式，例如，利用步道护栏、长廊或凉亭立柱、休息椅靠背等进行安装，以减少制作安装成本，增强公园技术设施的一体化感觉，并避免独立安装标识标牌的硬质边角对儿童安全的潜在风险。

表 4-2　标识标牌版面制作常用材质比较

材质	耐用年限	色彩效果	色彩耐久性	图案精细程度	耐磨性	防水性	防火性	抗紫外线性	备注
铝板印刷	5 年以上	佳	5 年	任何精细照片及手绘表现均可	佳	√	√	√	价格略高，但综合性能最好
PVC 板	1 年左右	佳	1 ～ 3 年	可处理较精细的照片及绘画	较差	√	×	√	除临时展示外不建议使用
不锈钢板	5 年以上	佳	3 ～ 5 年	任何精细照片及手绘表现均可	佳	√	√	√	沿海地区不建议
镀锌板	3 ～ 5 年	佳	4 年	可处理较精细的照片及绘画	较差	√	√	√	
木材	5 年	一般	1 年	只能处理简单文字及线条	较差	×	×	×	需要日常维护
铝合金板	4 ～ 5 年	一般	4 年	任何精细照片及手绘表现均可	佳	√	√	√	性价比较高

表 4-3　标识标牌基座制作常用材质比较

材质	优点	缺点	注意事项	适用方式
石材	1. 坚固耐用 2. 与环境结合度高	1. 需耗费人力搬运 2. 非本地石材则成本很高	1. 选择本地石材或接近质感的石材 2. 砌石部分应避免砂浆外露	适用于石材容易取得地区
木材	1. 架构简易快速 2. 与环境结合度高	1. 需经常保养维护 2. 需加强其耐候、防蚁措施	1. 木材需经高压防腐处理 2. 木材含水率需在 15% 以下	适用于各类标识标牌，但耐久性稍差
金属	1. 坚固、轻巧 2. 具模矩化容易搬运组装	1. 较易被腐蚀 2. 较缺乏自然感受	1. 烤漆应使用与环境融合的色彩 2. 需防锈处理，如氟碳烤漆、阳极处理等	经防锈和色彩处理后，适用于各类标识标牌
塑化木	1. 具木材天然的质感和优点 2. 无须防腐处理，耐久性高	因干燥时抽离木材水分，有时会有裂痕产生	尽可能将加工过程于塑化前完成	在经费许可情况下，适用于各类标识标牌

表 4-4　标识标牌制作材质常用组合方式

材质组合类型	组合方式	优点	注意点
基座、立柱、版面三种材质风格	常见材质组合为石材或金属基座，金属或木质立柱，配合金属版面	• 基座稳固耐用 • 立柱和版面可更换 • 整体风格比较精致，且设计易于多元变化	• 材质风格、色彩等整体效果应尽可能和谐 • 要注意安装连接处的安全性和牢固性 • 基座和立柱如选择金属材质，尽可能做成自然色泽的表面以与环境融合
基座、立柱一体化，版面选择另一种材质	常见材质组合为石材或金属基座和立柱，配合金属版面	• 基座立柱一体化设计更为牢固 • 版面可以更换 • 简化安装和制作程序 • 整体风格简洁明晰	• 要注意安装连接处的安全性和牢固性 • 基座和立柱如选择金属材质，尽可能做成自然色泽的表面以与环境融合 • 基座一般不选用木质材料 • 如选择石材，较为笨重，不易运输
一体化材质	利用自然石材、木材等原料的自然形状加工而成	• 自然风格鲜明、视觉效果强烈 • 同时兼有标志性展示的作用	• 受自然材质本身特点限制，不适合较多文字或配有插图的内容设计；且一旦完成，内容很难修改 • 制作、运输、安装难度较大 • 一旦安装完成，较难调整

专栏 4-3　材质组合类型

材质组合类型 基座、立柱、版面 三种材质风格	**组合方式** 常见材质组合为石材或金属基座，金属或木质立柱，配合金属版面	**优点** ■ 基座稳固耐用 ■ 立柱和版面可更换 ■ 整体风格比较精致，且设计易于多元变化	**注意点** ■ 材质风格、色彩等整体效果应尽可能和谐 ■ 要注意安装连接处的安全性和牢固性 ■ 基座和立柱如选择金属材质，尽可能做成自然色泽的表面以与环境融合

案例解析

四川邛海国家湿地公园的解说性标牌采用了与自然环境融合的颜色，由石质基座、木质立柱和金属面板组成。
此类组合形式适合用于主题性、综合性标牌设计。

云南普者黑国家湿地公园的解说牌设计综合了当地的传统文化元素，由石质基座、木质立柱和金属版面组成。

材质组合类型 基座、立柱一体化， 版面选择另一种材质	**组合方式** 常见材质组合为石材或金属基座和立柱，配合金属版面	**优点** ■ 基座立柱一体化设计更为牢固 ■ 简化安装制作程序 ■ 版面可以更换 ■ 整体风格简洁明晰	**注意点** ■ 要注意安装连接处的安全性和牢固性 ■ 基座和立柱如选择金属材质，尽可能做成自然色泽的表面以与环境融合 ■ 基座一般不选用木质材料 ■ 如选择石材，较为笨重，不易运输

案例解析

上：©广东广州海珠国家湿地公园的解说性标牌，木纹不锈钢材质；下：©贵州贵阳阿哈湖国家湿地公园的解说性标示标牌，由不锈钢支架和金属版面构成。

©上海市吴淞炮台湾国家湿地公园的指向性标示标牌，木质立柱和金属面板构成。基座为耐用性略差并较难维护的木质材质。

木质立柱和金属版面组合，并结合当地元素的设计可以形成独特风格。上：©中国台北阳明山公园；下：©内蒙古根河源国家湿地公园。

材质组合类型 一体化材质	**组合方式** 利用自然石材、木材等原料的自然形状加工而成	**优点** ■ 自然风格鲜明、视觉效果强烈 ■ 兼有标志性展示的作用	**注意点** ■ 受自然材质本身特点限制，不适合较多文字或配有插图的内容设计；且一旦完成，内容很难修改 ■ 制作、运输、安装难度较大 ■ 一旦安装完成，较难调整

案例解析

美国加州高速公路沿线历史文化纪念地标识标牌选用在地石材的一体化设计，减少了偏远地区建造的材质运输成本和现场施工难度，实物效果和当地环境融合。

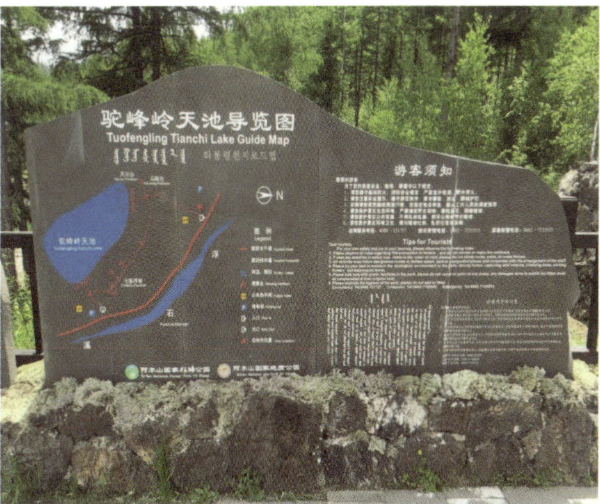

内蒙古阿尔山天池景区导览图采用与当地地质环境风格一致的石材设计，版面采用简洁朴素的平板石材，基座部分采用具有当地传统建造风格的堆石设计，辅以苔藓装饰。

中国台北红树林步道指示标牌，一体化的设计兼具了道路指示和标志性展示的功能。

4.2.3.3 制作监管与维护

（1）主要监管流程

标识标牌的制作与维护主要包含五个步骤，分别为设计定稿、生产制作、场地准备、现场安装和日常维护。每个步骤的主要内容和具体要求如下：

A. 设计定稿

将包含设计布局文件，高分辨率图形和地图文件，字体，颜色和生产注意事项等内容的设计定稿提供给制造商，审查并确认相关设计文件（案例见图 4-7）。

在审查设计方提交的最终设计文件时，湿地公园管理方需要重点确认以下内容：①审查所有设计稿件，按照设计文件比例打印印刷小样做成果确认；②与设计方共同确认公园所有标识标牌的最终布局方案，并定位到精确的现场位置与朝向，如有条件，建议精确定位标识牌经纬度信息并归档；③与设计方对接标识标牌的制作材质要求，准备现场安装等工作流程。

另外，如有条件，管理方也可要求设计方提交设计稿成果时同步提交标识标牌的实际制作小样，以便最终实施效果的确认。

B . 生产制作

标识标牌作为湿地公园最基础的设施，其视觉效果和耐用性直接体现公园的建设水平。生产制作环节是指从加工厂提供标识标牌小样(案例见图4-8)，经公园管理方审查和校正后，将制作标牌发运到现场的过程环节。

图 4-7　设计定稿时审查并确认标识标牌设计文件

图 4-8　标识标牌生产制作现场

图 4-9　标识标牌安装前的现场准备

在这一过程中，管理方对标识标牌制作工厂提交的产品小样需要做详细的确认，具体要涉及材质、印刷、安装和后期维护要点等各项细节。

对于一些偏远地区的湿地公园，标识标牌制作工厂可能不在本地。长途运输过程对于标识标牌的结构可能造成一定损坏。因此，在设计与制作过程中，建议按照模块化组件设计制作标识标牌，具体制作指南和案例见“模块化标牌制作”。

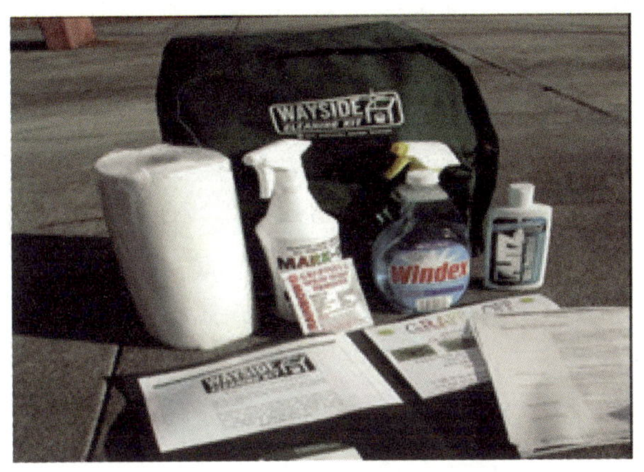

图 4-10　标识标牌的日常维护

C. 场地准备

标识标牌实施安装前，施工方需要为标识牌安装准备安全便利的场所（案例见图 4-9），完成标牌基础安装，确保安全性和可达性。主要内容包括安装场地障碍物的清除，相关基座设备和管线（如有）的预埋等。

D. 现场安装

标识标牌运抵现场后，施工方按照施工图和装配说明安装标识牌，并确保现场的安全性和可达性。主要内容包括现场定制化基座的安装、标牌面板的安装等。

值得提出的是，湿地公园作为一个保护性场域，管理方应对施工单位的操作提出明确的保护环境的要求和施工规范。

E. 日常维护

标识标牌安装完成投入使用后，公园管理方应制定自身的日常维护管理措施，以及对制作施工方的定期维护要求。如有必要，公园应配备标识牌维修套件，定期清洁和维护标识牌和基座（案例见图 4-10），并根据需要对标识牌进行维修与更换。

通常来说，标识标牌的日常维护工作主要包括面板和基座的清洁、老化或损坏面板的替换、根据公园建设需要更新相应的标识牌内容面板等。

F. 档案和备品备件存档

为了保障标识标牌的制作、安装和维护管理工作，从湿地公园管理的需求出发，上述每个步骤的相关文件和备品备件要形成一套标准化的档案库存，主要归档内容包括：标识标牌的设计文件、原始图件和解说文档、施工图和施工现场文件、标识标牌的模块备品备件等。

近年来，结合湿地公园信息化建设工作，可将相关的档案和备品备件的存档管理纳入信息化建设工作中统一开展。

（2）标识标牌模块化设计和制作

标识标牌的标准化除了版面设计和内容体系外，基于结构化构件的模块化设计和制作尤为重要（案例见图 4-11、图 4-12、图 4-13），其主要特点包括：

- 提高标识标牌的运输效率，降低成本；
- 方便制作和现场施工，降低对场地的环境影响，大大缩短施工时间；
- 方便标识标牌的维护管理，通过局部组件的更新和替换，提高维护效率，降低运维成本。

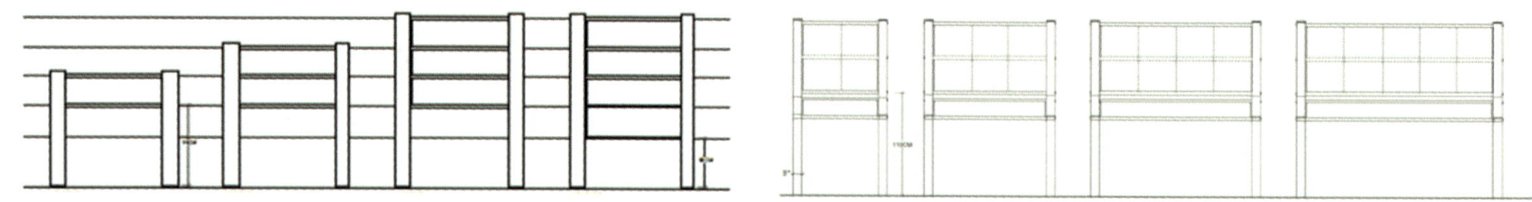

图 4-11 标识标牌的模块化制作可以实现按现场需要扩展标识标牌尺寸和版面

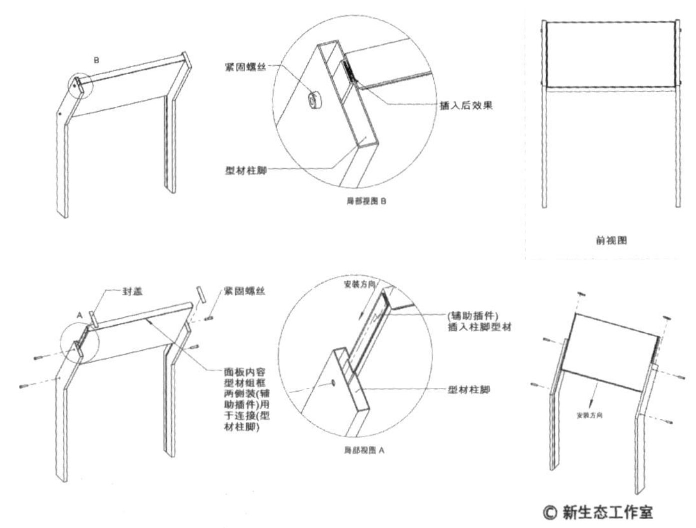

图 4-12　解说性标识标牌的结构化构件设计

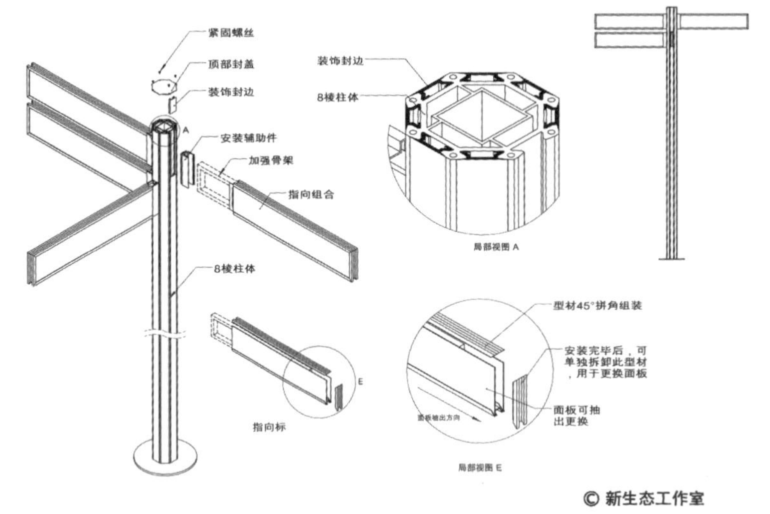

图 4-13　指示性标识标牌的结构化构件设计

4.3　宣教场所

宣教场所是湿地公园集中化、主题化开展宣教工作的场所，其形式和内容非常多元灵活，主要可以分为综合性宣教展示场馆（包括游客中心附带湿地宣教展示区，或独立性湿地科普宣教场馆）、主题性宣教场所（宣教长廊、观鸟屋、自然教室等）和辅助性宣教场所（观景点、步道沿线休憩点、交通接驳站点、交通工具等）三类。

4.3.1　类型及应用概述

湿地公园宣教场所的主要类型参见图 4-14。具体见专栏 4-4，专栏 4-5，专栏 4-6。

专栏 4-4 综合性宣教展示场馆

综合性宣教展示场馆 | 主题性宣教场所 | 辅助性宣教场所

综合性宣教展示场馆

游客中心附带
湿地宣教展示区

简介

在湿地公园的游客中心、服务中心或其他相关综合性服务设施中专门划出的一块开展主题化湿地公园科普宣教服务的区域

主要宣教方式

- 室内展示（实物+解说标识标牌）
- 人员宣教（导览解说）
- 媒体宣教（多媒体影音等）
- 自导式参访

优势

- 游客量大，覆盖范围广
- 建在游客中心内，可节约建设成本，并获得日常运营管理等行政支持
- 湿地公园主题突出鲜明
- 可配合游客中心其他功能提供综合服务

挑战

- 游客类型和游览目的多元、较难精准服务
- 空间、展示设计需服务于整个游客中心的整体设计
- 内容一旦确定，较难修改
- 科普宣教主题可能淹没在其他游客中心服务设施中

案例解析

中国台湾雪霸公园游客中心内设展厅,综合运用展板、模型和视频等形式在游客游览雪霸公园前系统介绍公园的特色、登山传统以及参观注意事项。

摄影©陆君

中国台湾太鲁阁公园的游客中心内附设展示馆，用公园内溪流常见的漂流木设计制作的装置艺术位于展厅正中央，讲述自然的生命故事和千万年来人与自然相处的方式。

摄影©雍怡

湖南毛里湖国家湿地公园游客中心内设展厅，以展板为主介绍湿地公园的特色。

©湖南毛里湖国家湿地公园

综合性宣教展示场馆　主题性宣教场所　辅助性宣教场所

续

综合性宣教展示场馆	简介	主要宣教方式	优势	挑战
独立性湿地科普宣教场馆 （非必需，有条件公园可尝试） 	在湿地公园内独立建设、设计并运营管理的湿地主题科普宣教场馆	■ 室内展示（实物+解说标识标牌） ■ 人员宣教（导览解说、教育活动） ■ 媒体宣教（多媒体影音、宣传片、纪录片等） ■ 自导式参访	■ 科普宣教主题突出鲜明 ■ 从建筑到内部空间和布展有独立、完整、系统的设计，不受过多其他因素的干扰 ■ 易针对游客的兴趣和游览目的提供精准服务 ■ 适宜开展针对不同人群的专题化宣教活动	■ 投资建设成本巨大；独立运营管理的成本高 ■ 设计和建设需充分和公园的步道、交通等系统衔接 ■ 内容一旦确定，较难修改 ■ 游客数量的不确定 ■ 对游客的参访活动需要组织、引导等后勤服务

案例解析

杭州西溪国家湿地公园的中国湿地博物馆，建筑面积约20 000m²，分设序厅、湿地与人类厅、中国厅、西溪厅4个主题展厅。对大多数湿地公园来说，大型湿地科普馆因投资与运营成本高昂，应谨慎对待。

© 杭州西溪国家湿地公园

吉林大石头亚光湖国家湿地公园的宣教科普馆，位于公园主入口西侧。建筑面积约330m²，内设科普展馆、标本馆、特色文化展馆等展区。

© 吉林大石头亚光湖国家湿地公园

辽宁蒲河国家湿地公园内的独立科普宣教场馆，共两层，包括湿地宣传、环保行动、科普教育、生物多样性、湿地景观和多媒体放映等展厅。

© 辽宁蒲河国家湿地公园

综合性宣教展示场馆 | 主题性宣教场所 | 辅助性宣教场所

续

综合性宣教展示场馆	简介	主要宣教方式	优势	挑战
独立性湿地科普宣教场馆 （非必需，有条件公园可尝试） 	在湿地公园内独立建设、设计并运营管理的湿地主题科普宣教场馆	■ 室内展示（实物+解说标识标牌） ■ 人员宣教（导览解说、教育活动） ■ 媒体宣教（多媒体影音、宣传片、纪录片等） ■ 自导式参访	■ 科普宣教主题突出鲜明 ■ 从建筑到内部空间和布展有独立、完整、系统的设计，不受过多其他因素的干扰 ■ 易针对游客的兴趣和游览目的提供精准服务 ■ 适宜开展针对不同人群的专题化宣教活动	■ 投资建设成本巨大；独立运营管理的成本高 ■ 设计和建设需充分和公园的步道、交通等系统衔接 ■ 内容一旦确定，较难修改 ■ 游客数量的不确定 ■ 对游客的参访活动需要组织、引导等后勤服务

案例解析

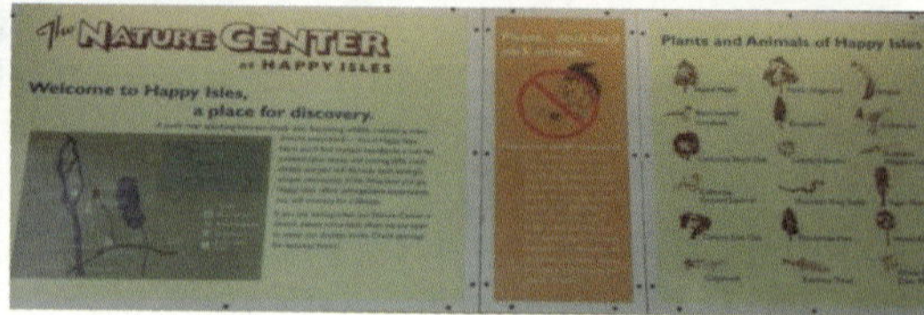

美国优诗美地国家公园内的自然中心设在著名的“迷雾步道”入口处附近的“快乐岛”上，需要通过一条小径步行抵达。自然中心的建筑巧妙的隐藏在自然环境中，恬静和谐。中心内主要介绍优诗美地国家公园的野生动植物资源和生态系统特点，主题鲜明，形式丰富。

摄影©雍怡

专栏 4-5　主题性宣教场所

综合性宣教展示场馆　主题性宣教场所　辅助性宣教场所

续

主题性宣教场所	简介	主要宣教方式	优势	挑战
宣教长廊 	在湿地公园内配合主要的步道建设，以长廊的形式向游客提供基于游线的主题化宣教展示	■ 半室外展示（解说标识标牌为主） ■ 自导式参访 ■ 人员宣教（导览解说）	■ 游客覆盖范围广 ■ 基于步道改造，建设成本低，适合多数湿地公园 ■ 线性布展，宣教主题的系统性介绍 ■ 可以定期更换展示内容 ■ 为游客提供遮阴休憩功能 ■ 日常维护运营较简单	■ 游客类型和游览目的多元、较难精准服务 ■ 半室外的条件限制展示内容的容量，及展示形式的灵活性和多元性 ■ 半室外和无专职人员随时维护的条件对展示材质的耐用性要求更高

案例解析

湖南金洲湖国家湿地公园的宣教长廊，以展示湿地自然和人文资源为主。宣教长廊的展示可以做成可更换的形式，根据时间调整。

四川邛海国家湿地公园的宣教长廊，结合游客的休憩空间设计。

综合性宣教展示场馆 | 主题性宣教场所 | 辅助性宣教场所

续

主题性宣教场所	简介	主要宣教方式	优势	挑战
观鸟屋 	在湿地公园观鸟热点地区建立的能为游客提供不干扰自然生态，又能较为清晰、全面观察到鸟类的场所。其他植物、昆虫、湿地功能主题的宣教设施亦可参照执行	■ 半室内展示（解说标识标牌为主） ■ 自导式参访 ■ 人员宣教（导览解说、教育活动）	■ 建筑以融入环境为原则，建设运营成本相对合理 ■ 宣教主题鲜明 ■ 与环境和真实自然资源结合紧密，更为直观和生动 ■ 可自行游览，也可开展专题活动，空间利用方式灵活	■ 内部展示要兼顾科学性和生动性，且以朴素的平面静态展示为主，对设计者有很大挑战 ■ 半室内和无专职人员随时维护的条件对展示材质的耐用性要求更高 ■ 存在季节性使用峰谷差异

案例解析

浙江杭州西溪国家湿地公园内莲花滩观鸟区设有两个单层的观鸟屋和一座两层的观鸟楼，观鸟屋外观 设计朴素自然，无痕融入湿地环境中。建筑外墙采用百叶设计，充分考虑了采光、通风、以及掩蔽性，既可确保观鸟的便利性和适应性，也确保了不对自然生态和野生动物造成干扰。

综合性宣教展示场馆 | 主题性宣教场所 | 辅助性宣教场所

续

主题性宣教场所 **观鸟屋** 	**简介** 在湿地公园观鸟热点地区建立的能为游客提供不干扰自然生态，又能较为清晰、全面观察到鸟类的场所。其他植物、昆虫、湿地功能主题的宣教设施亦可参照执行	**主要宣教方式** ■ 半室内展示（解说标识标牌为主） ■ 自导式参访 ■ 人员宣教（导览解说、教育活动）	**优势** ■ 建筑以融入环境为原则，建设运营成本相对合理 ■ 宣教主题鲜明 ■ 与环境和真实自然资源结合紧密，更为直观和生动 ■ 可自行游览，也可开展专题活动，空间利用方式灵活	**挑战** ■ 内部展示要兼顾科学性和生动性，且以朴素的平面静态展示为主，对设计者有很大挑战 ■ 半室内和无专职人员随时维护的条件对展示材质的耐用性要求更高 ■ 存在季节性使用峰谷差异

案例解析

中国台北关渡自然公园观鸟的开窗上挂设了常见水鸟图鉴，为观鸟者提供最方便的指引。

江苏沙家浜国家湿地公园观鸟屋内景，百叶设计兼顾了观鸟者的便利和对自然环境不干扰的原则。

综合性宣教展示场馆　**主题性宣教场所**　辅助性宣教场所

续

主题性宣教场所 **自然教室** 	**简介** 以在湿地公园内开展课程式或活动式的湿地宣传教育为目的而设立的教学互动空，间大部分整合在现有设施内，也可独立建设	**主要宣教方式** ■ 教学空间布设为主，墙面辅助少量解说标识标牌 ■ 人员宣教（教育活动）	**优势** ■ 非公开性宣教场所，需预约确保活动独立和专业性 ■ 可以根据湿地公园资源特点开展多元主题宣教活动 ■ 可提供精准的宣教服务 ■ 有效积累相关教学课程方案的游客反馈信息，帮助湿地公园宣教效果的提升	**挑战** ■ 需要专业的教育团队，对人员的课程设计、课程讲授、互动交流等都有要求 ■ 需要探索商业化发展的策略和路径，如仅靠门票或公园经费难以持续运营 ■ 如独立建设投资运营成本较高

案例解析

左：中国湿地博物馆内的科普中心，专门设有供青少年为主的目标人群参与湿地宣教教育主题活动的自然教室。

右上图：江苏同里国家湿地公园的“自然课堂”和 右下图河北北戴河国家湿地公园的“自然教室”，由专业的科普宣教工作人员带领，以孩子为主的游客团体，可体验不同主题的湿地科普宣教主题活动（需预约）。

左：©中国湿地博物馆；右上：江苏同里国家湿地公园；右下：河北北戴河国家地理公园

专栏 4-6 辅助性宣教场所

综合性宣教展示场馆 | 主题性宣教场所 | **辅助性宣教场所**

续

辅助性宣教场所 **观景点** 	**简介**	**主要宣教方式**	**优势**	**挑战**
	在湿地公园主要景点、游线终点等地设立的较为开阔的供游客休憩、观景的空间	■ 室外展示（解说标识标牌为主） ■ 自导式参访 ■ 人员宣教（导览解说）	■ 设在游客必达目的地，游客覆盖范围广 ■ 配合景点建设，宣教以展板和少量静态展示为主，建设成本低廉 ■ 与环境和真实自然资源结合紧密，更为直观和生动	■ 室内和无专职人员随时维护的条件对展示材质的耐用性要求更高 ■ 对宣教内容的设计如何兼顾科学性和生动性，且不偏离湿地保护主题，对设计者是很大挑战

案例解析

美国优诗美地国家公园 迷雾步道 终点的观景平台也是很重要的宣教设施展示空间。

摄影©沈洵

中国台湾海洋科技博物园户外观景平台的解说标牌让游客将美景和知识联系起来。

摄影©徐荣崇

综合性宣教展示场馆 | 主题性宣教场所 | **辅助性宣教场所**

续

辅助性宣教场所 **步道沿线休憩点** 	**简介**	**主要宣教方式**	**优势**	**挑战**
	在湿地公园步道沿线为方便游客提供的休憩点。一般为步道外侧的小型休憩平台、凉亭或简单布设座椅等	■ 室外展示（解说标识标牌为主） ■ 自导式参访	■ 设在大部分游客必达的步道沿线、游客覆盖范围广 ■ 提供与环境相关的宣教，较为直观、生动	■ 一般仅为1～2个解说性标识标牌，内容和形式都有局限性 ■ 户外设施对展示材质的耐用性要求更高，也需要定期的日常维护

案例解析

美国费城约翰 · 海恩兹(John Heinz)国家野生动物保护区游步道沿线设立小型休憩点，方便游客观鸟或休息而不会影响步道游客的通行。 摄影© 雍怡

江苏同里国家湿地公园游步道沿线设立的简易凉亭，方便游客休息，也可提供小型宣教设施的展示。

摄影©陈金霞

辅助性宣教场所 **步道沿线休憩点** 	**简介** 在湿地公园步道沿线为方便游客提供的休憩点。一般为步道外侧的小型休憩平台、凉亭或简单布设座椅等	**主要宣教方式** ■ 室外展示（解说标识标牌为主） ■ 自导式参访	**优势** ■ 设在大部分游客必达的步道沿线、游客覆盖范围广 ■ 提供与环境相关的宣教，较为直观、生动	**挑战** ■ 一般仅为1～2个解说性标识标牌，内容和形式都有局限性 ■ 户外设施对展示材质的耐用性要求更高，也需要定期的日常维护

案例解析

杭州西溪国家湿地公园在游步道沿线设立休憩点，并将公园地图、相关景点信息等宣教内容巧妙结合在长椅等设施的设计中。

摄影©李哲

江苏沙家浜国家湿地公园在木栈道亲水一侧间断增加不同高度的芦苇护栏，配合科普展板，为游客观赏湿地提供自然的屏障以避免对水鸟等野生动物的干扰。

©江苏沙家浜国家湿地公园

综合性宣教展示场馆 | 主题性宣教场所 | **辅助性宣教场所**

续

辅助性宣教场所 **交通接驳站点** 	**简介** 在湿地公园主要交通枢纽或接驳站点利用现有设施硬件开展宣教	**主要宣教方式** ■ 室外展示（解说标识标牌为主）	**优势** ■ 设在大部分游客必达的交通接驳站、游客覆盖范围广 ■ 提供与公园管理、时令宣教活动、游客行为提示等相关的宣教信息，直观、简洁，与游客相关，容易被阅读和理解	**挑战** ■ 一般仅为若干个解说性标识标牌，内容和形式都有局限性 ■ 户外设施对展示材质的耐用性要求更高，也需要定期的日常维护 ■ 需要定期的内容更新，减少陈旧的信息

案例解析

世界自然基金会（WWF）在地铁内和公共交通车站等地设立的关于“地球一小时”和长江濒危物种保护的公益系列海报受到许多公众的关注和喜爱。

续

辅助性宣教场所 交通工具 	**简介** 在湿地公园公共接驳车、大巴、电瓶车等交通工具上开展宣教	**主要宣教方式** ■ 车身内外展示（解说标识标牌为主）	**优势** ■ 设在大部分游客必达的交通工具内外、覆盖范围广 ■ 游客利用搭乘时间阅读，较能确保有效的宣教 ■ 作为对整个公园宣教主题和特色的预热性介绍，引导游客在后续参访中有目的性的关注相关宣教信息	**挑战** ■ 一般为平面解说性标识标牌，内容和形式有局限性 ■ 交通工具车身内外的展示条件对材质的耐用性要求更高，也需要定期的日常维护 ■ 需要定期的内容更新，减少陈旧的信息

案例解析

江苏天福国家湿地公园的宣教人员在电瓶车内开展解说服务。

世界自然基金会（WWF）为全球性环保公益活动“地球一小时”在公交车车身上发布的公益广告。

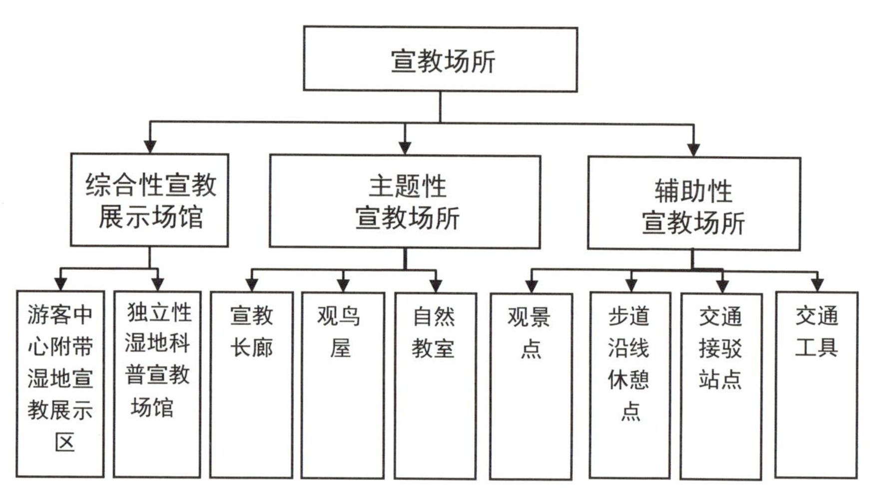

图 4-14　湿地公园宣教场所主要类型

图 4-15　香港湿地公园游客中心融入湿地自然环境且不干扰敏感生态系统的设计（© 香港湿地公园）

图 4-16　台湾垦丁龙銮潭自然中心巧妙利用下沉式自然地形的建筑设计（摄影 © 雍怡）

4.3.2　设计原则和方法

根据上述分析可知，虽然湿地公园宣教设施的类型多元，但其中最具有代表性，最需要进行系统设计的是综合性宣教场馆。本节后续内容将以综合性宣教场馆为代表，介绍场馆和内部布展的具体设计原则和方法。主题性和辅助性宣教场所的设计可参照标识标牌系统设计及本章内容执行。

4.3.2.1　选址原则

作为综合性的宣教场馆，无论包含专题宣教展区的游客中心，还是独立的湿地科普宣教馆，一般应在湿地公园的管理服务区或科普宣教区内选择合适的位置建立。具体而言，宣教场馆的选址应遵循以下原则：

（1）保护优先，避免对敏感生态环境的干扰

湿地科普宣教的目标是宣传湿地的相关知识和保护价值，因而设施本身也应该体现保护优先的原则。不应为向游客提供独特的游览体验，在湿地公园的湿地保育区、恢复区等具有生态敏感性或脆弱性的区域设立，以避免对当地的敏感生态环境造成破坏性影响，而应巧妙地兼顾游客体验及自然保护（案例见图 4-15）。

另外，建筑的设立最好能配合原有的地形地貌和路线布局，尽可能利用现有地形地貌的特点设计融入自然环境的宣教场馆（案例见图 4-16），避免为建设相关场馆，填平原有湿地等大幅度改造自然地形地貌的行为。

对于观鸟屋等主题性的宣教场所，确有必要接近鸟类栖息地等区域，应在设施建筑外观和进入设施的通道上设立必要的自然掩蔽物，以尽可能减少对自然环境和野生动植物的影响。

（2）具有代表性，能展现湿地公园的资源特色

湿地科普宣教场馆是集中、系统展示该湿地公园主题特色的场所，其选址周边应拥有具有一定代表性的自然、人文、生态或景观资源，可以帮助游客直观地感受或理解所在湿地的资源特色或保育成效，为后续的参访激发期待感（案例见图 4-17、图 4-18）。

（3）使用者友好，具有良好的可达性和舒适的参访条件

宣教场馆的选址应方便大多数游客便利抵达，如设立在入口处或中心广场等游客抵达地，一般与湿地公园的主要道路相连。对于范围较大、有多个特色核心景点的湿地公园，也可考虑在主要景点设立主题化的宣教设施（案例见图 4-19）。此外，设立在公园非入口处的宣教场馆应考虑与公园交通系统的有效衔接，并注意在主要的公路沿线和交叉路口设立必要的交通引导标识，以确保大部分游客可以方便抵达。如需在宣教场馆周边设立停车场，应在场馆入口周边留出空间，为访客进入宣教场馆预留一段步行的距离。

图 4-17　日本富士山脚下的田贯湖自然塾（摄影 © 雍怡）

图 4-18　美国黄石公园的老忠实游客教育中心（摄影 © 雍怡）

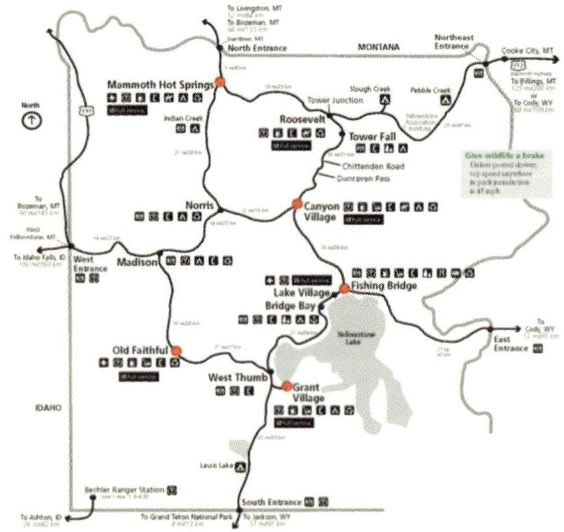

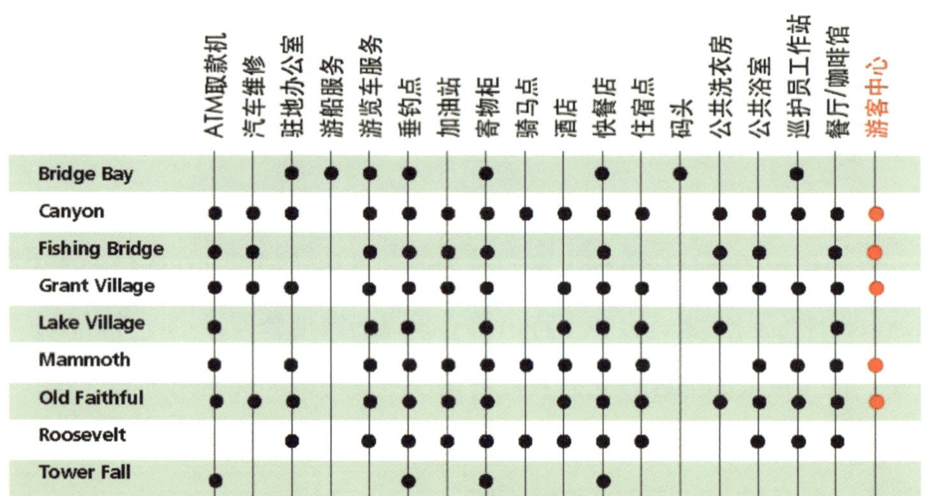

	ATM取款机	汽车维修	驻地办公室	游船服务	游览车服务	垂钓点	加油站	寄物柜	骑马点	酒店	快餐店	住宿点	码头	公共洗衣房	公共浴室	巡护员工作站	餐厅/咖啡馆	游客中心
Bridge Bay			●	●	●	●		●			●		●			●		
Canyon	●	●	●		●	●	●	●	●	●	●	●		●	●	●	●	●
Fishing Bridge	●	●			●	●	●	●			●			●	●		●	●
Grant Village	●	●	●		●	●	●	●		●	●	●		●	●	●	●	●
Lake Village	●				●	●		●		●	●	●		●			●	
Mammoth	●		●		●	●	●	●	●	●	●	●			●	●	●	●
Old Faithful	●	●	●		●	●	●	●		●	●	●		●	●	●	●	●
Roosevelt			●		●	●	●	●	●	●	●	●			●	●	●	
Tower Fall	●					●		●			●							

图 4-19　黄石国家公园的九个主要服务点中有五个设有游客中心，并都带有教育展厅
（资料来源：美国国家公园管理局官网）

4.3.2.2 布展故事线的设计

作为湿地公园宣教系统的重要一环，宣教馆的设计同样要契合湿地公园的宣教主题，并将前期明确的宣教主题和宣教资源清单作为展馆内容设计的重点，这也是开展所有宣教工作的基础。另一方面，对于游客来说，参观展馆是一个主动体验与探索发现的过程，而不是一个简单的接受“湿地科普教育”的过程。所以，在展馆设计中，在传递湿地公园科普宣教目标的前提下，更多地考虑游客的需求，并为他们创造一种愉快的、有收获的、乐于参与的体验过程，是实现有效宣教的重要途径。

一个好的宣教展馆，应该围绕其所属的湿地公园向游客讲述一个“好的而且是自己的”故事，突出介绍该国家湿地公园的特有宣教主题。不是泛泛介绍什么是“湿地”和“公园”，而是介绍该湿地公园为何存在，以及自身的特点和价值。

为此，在宣教展馆的策划或规划阶段，布展故事线设计是塑造宣教展馆特色体验的一种有效手段。具体来说，故事线是以访客的参观和认知过程为基准，为展示内容构建一个叙述框架，进而衍生出一条完整的导览线索，再在其中添加相应的具有科普和教育性的宣教元素，使参观展馆的过程更具内容的整体性和情节的延续性，从而帮助观众更好地利用和理解展品的内涵。

一个连贯的故事线构成宣教展馆的参观动线，贯穿在宣教展馆的规划、设计和布展甚至周边环境设计改造的各个环节。

根据宣教场馆的建设规模及其讲述内容的差异，故事线的设计可长可短。但总的来说，一个优秀而生动有趣的故事线，通常具有以下特征：

①在突出传递宣教公园主题的同时，不乏支撑这一主题的细节和特写；

②不只展示展品，更充分挖掘展品背后的故事，形成多层次的信息传递；

③能有效地串联展馆各项展示内容，形成脉络，引导访客参观并激发联想；

④为游客创造参与体验和互动探索的机会，而不仅仅是被动接受信息；

⑤展示的形式、内容尽可能适合各种目标人群的需要；

⑥对湿地公园宣教展馆来说，能够在参观后充分激发游客对外部湿地探索的兴趣。

需要指出的是，设计故事线的目的是赋予展馆展示内容一定的布展逻辑，塑造访客参观的情感体验，但并非绝对严格的参观顺序，应该同时允许访客随意参观，或有计划地设计灵活、可调整的参观动线。

一般来说，在宣教展馆的展示内容设计中，将宣教主题设计成展馆布展和解说的游览故事线，循序渐进地引出和介绍自身特色的宣教主题和资源，是最便捷有效并能保证效果的设计方法（案例参见专栏 4-7）。

4.3.2.3 展馆空间设计

一般来说，湿地公园科普宣教馆的空间构成包括常设展示区、临展区、多功能厅、互动活动区和管理服务区等。

（1）常设展示区

常设展示区是宣教馆的核心主体，所占面积最大，展示内容丰富、系统。从功能分区上来说，常设展示区的内容包括序厅、自然资源展示区、文化资源展示区及湿地保护管理和科研监测成果展示区及结束厅；从展示形式上来说，主要是利用展板、实物标本、场景及模型等方式，表现常设展示区整体或者某一特殊主题的内涵（图 4-20）。

- 湿地公园宣教展馆一般规模较小、管理能力有限，在布展中应慎用实物标本。
- 对于文化资源的展示，不是泛泛地展示所有的当地文化资源，而是经过一定的调查、筛选、提炼，展示与湿地密切相关的历史事件、文化习俗、传统风俗。
- 常设展示区的展示内容应该具有科普性、故事性、互动性等特征，才能更好地吸引游客。

图 4-20 中国湿地博物馆中利用展板和模型的展示形式来展示湿地自然资源（摄影 © 陈金霞）

专栏 4-7 **基于特色宣教主题的江苏同里国家湿地公园湿地科普馆故事线设计案例**

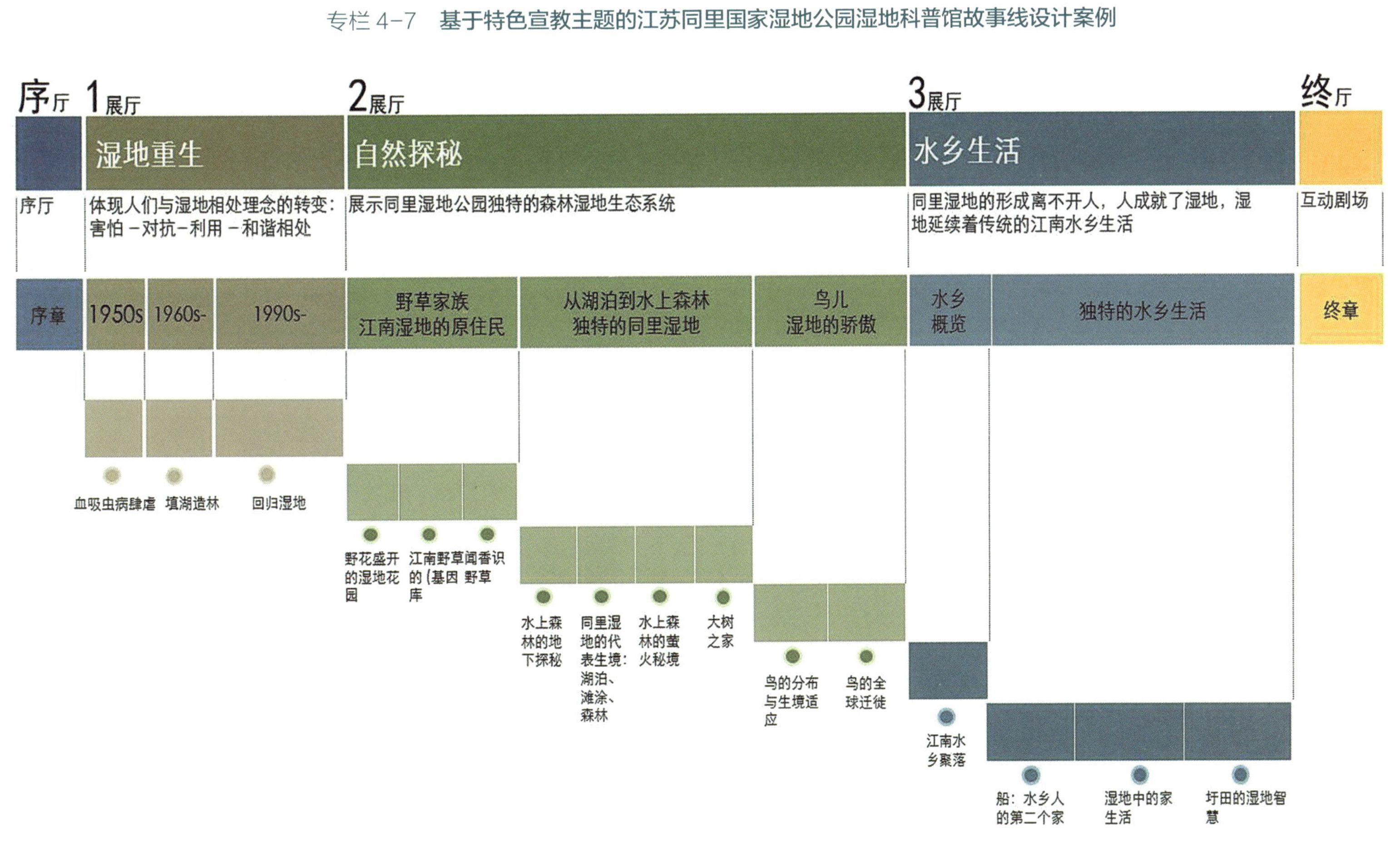

对同里国家湿地公园来说，湿地重生、自然探秘与水乡生活是自身宣教的三大特色主题。其内部的湿地科普馆建筑面积约 2 000m^2，作为集中展示同里湿地特色宣教主题的展馆，其三大宣教主题贯穿在展馆的故事线中，并将宣教资源清单中各相关宣教资源有深有浅地嵌入故事线的不同环节，从而形成具有起承转合的讲述线索。（资料来源：新生态工作室）

- 在常设展示区中，不应该忽视序厅和结束厅的内容设计，它们在整个常设展馆中，往往能起到画龙点睛的妙用，帮助游客快速投身于常设展示区中。

（2）临时展区

常设展示区展示的内容具有固定性，无法满足游客多元化的需求，且每个国家湿地公园在不同的季节、不同的年份所强调的东西不尽相同。临时展区的花费经费少，规划时间短，拥有较大的设计灵活性优势，可以透过不同的主题带给游客新鲜实时的资讯，引发游客再度造访湿地公园展馆的动机。所以对于湿地公园的布展，不是必须把所有的展厅位置都占满，有可能的话应留一个空间作为临时展厅，根据需要在不同时间展出不同主题的内容（案例参见图 4-21）。

图 4-21　临时性展厅内的爱鸟护鸟宣传，宣传栏内的内容随不同年份轮替（摄影 © 雍怡）

临时展厅的设立需要注意以下几点：

- 应有专门的人员负责临时展厅的布展工作。
- 尽量建立标准的临时布展工具、灯光和展台等。
- 事先设计出年度或周期性计划布展，按计划进行轮替。
- 临时展厅工具要循环再利用，从而更好的节约资源，保护环境，实现可持续发展。

（3）多功能厅

多功能厅以其功能的多样性（多媒体放映、报告、举办特定活动、剧场及礼堂等）和游客的喜爱，在国家湿地公园得到应用。一些国家湿地公园的宣教馆内设有多功能厅，配套相应的多媒体设施和桌椅，兼具多媒体放映与特定活动举办的功能。多功能厅一旦设立就应该形成日常的运营计划，包括定期的公众放映，以及配合湿地公园的会议、主题宣教活动举办等。

多功能厅的设立需要注意以下几点：

- 应该有专门的人员负责多功能厅的工作。
- 多功能厅要有日常运营安排，根据安排使用多功能厅。

- 多功能厅不应被仅仅定义为多媒体放映厅，应该充分利用多媒体厅，增加它的功能。
- 多功能厅的放映、活动、表演、报告等内容应该具有主题性，且与湿地公园日常运营及宣教活动息息相关。

（4）互动活动区

人们对自己亲身参与的信息的有效记忆高达90%，直接体验留下的印象会非常持久，所以互动活动区是国家湿地公园科普馆中非常重要的场所，游客在这里可以直接参与到展示内容中，深度体验湿地公园的保护和管理内涵（案例参见图4-22）。

图4-22　上海自然博物馆中恐龙化石体验区（© 上海自然博物馆）

国家湿地公园的互动活动区具体应包括以下几项内容：

- 出版物放置区：该区应该放在科普馆比较醒目的地方，如入口处或者出口处，主要是提供与湿地相关或者与环境教育相关的书籍，以及湿地公园自身的出版物、宣传品，供游客阅览或购买。
- 体验区：该区域设置一些可供游客亲身动手操作的器材或设施，供游客体验。一般需要通过预约或专人指导。
- 活动区：活动区主要针对宣教活动的策划和组织设立，可以和会议室、自然教室、阅览室等功能结合使用，发挥更多功能。

（5）管理服务区

为了游客在展馆中获得更好的参观体验，应设管理服务区。其功能主要包括科普宣教馆中的接待、日常办公、小型餐饮、纪念品中心、哺乳室、急救室等管理和服务性空间（案例参见图4-23）。

湿地公园展馆的空间设计案例参见图4-24、专栏4-8。

4.3.3　展示内容

根据游客的参与和互动方式，一般根据展品是静态或动态，以及游客是主动还是被动接受信息，把展示内容的展示形式分为表4-5中所列出的四种类型。

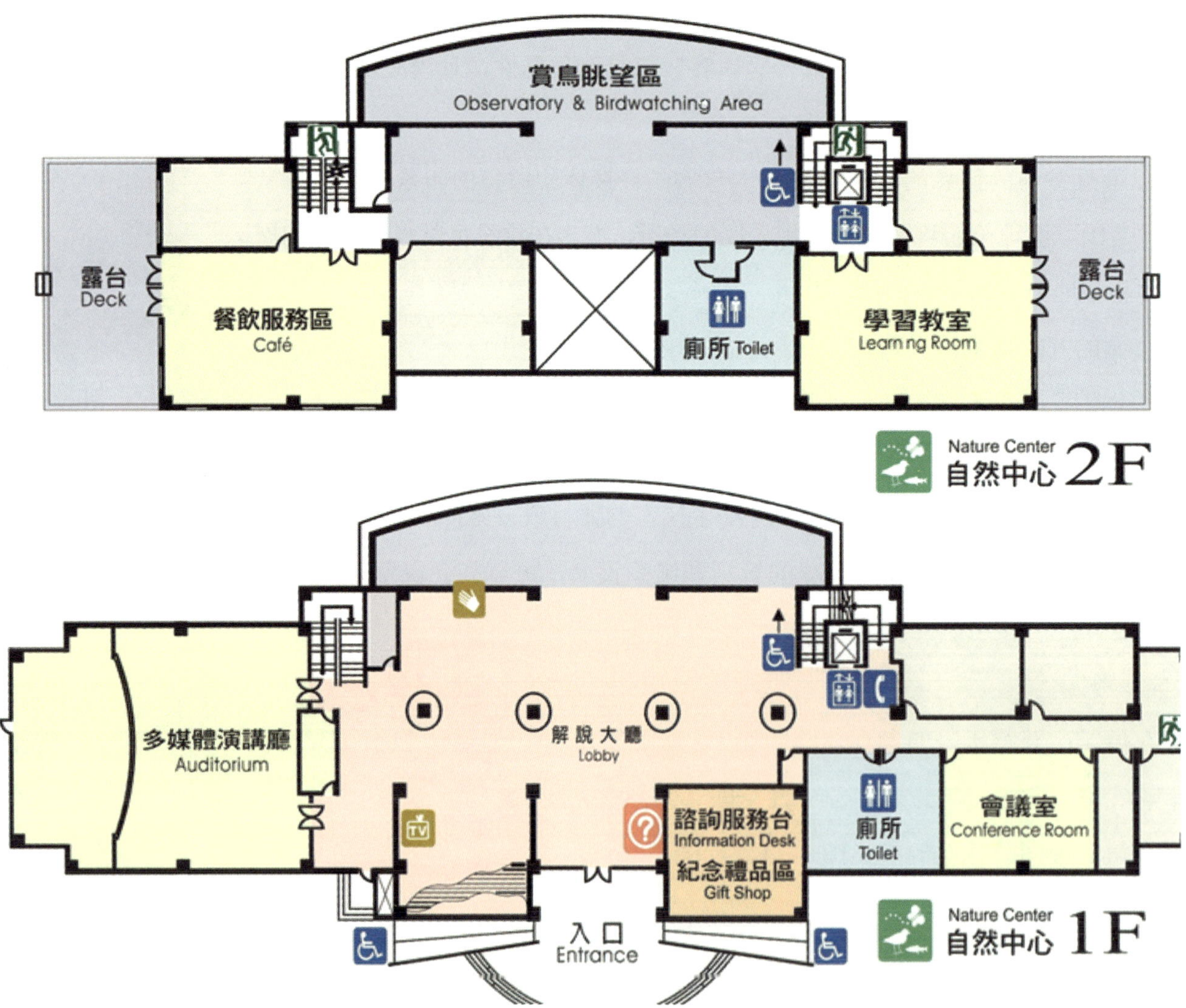

图 4-23　中国台北关渡自然公园科普馆功能布局案例
（资料来源：中国台北关渡自然公园）

专栏 4-8　江苏太湖湖滨国家湿地公园观鸟屋功能布局案例

在湿地公园中，除了游客中心、科普馆外，观鸟屋也是常见的宣教场馆设施。太湖湖滨国家湿地公园的观鸟屋在传统观鸟屋的基础上，结合标本展示、访客休憩和自然教育活动等功能为一体。在满足观鸟功能的同时，空间具有灵活可变性，是一种比较值得借鉴的创新尝试。

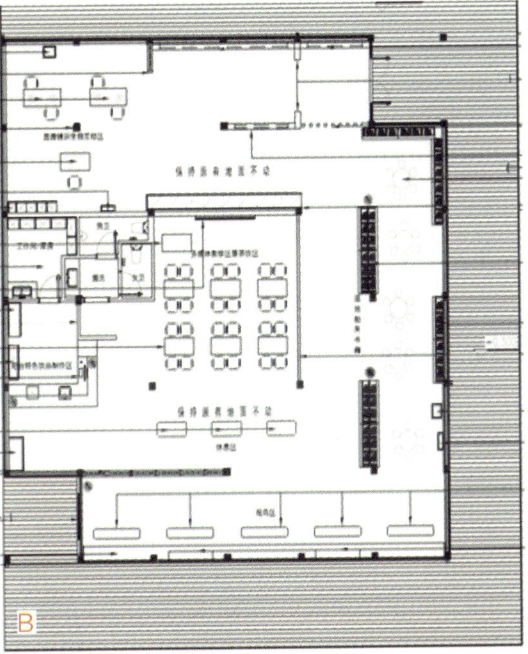

A：观鸟屋外观；

B：观鸟屋平面布局图；

C：滨湖观鸟走廊；

D：观鸟屋入口的展示空间；

E：观鸟屋中部的休憩区可以灵活调整为自然教育活动场地；

F：阅览区。

（资料来源：江苏太湖湖滨国家湿地公园）

4.3.3.1 被动—静态型展示

与游客互动的展览物品是静态的，以静态的信息传递为主，如宣教展板、宣传海报、静态展品等；游客只是被动地阅读和观看，接受相关宣教信息（见专栏 4-9）。

4.3.3.2 被动—动态型展示

展品设计包含动态元素（移动、发出声音或者有气味等）以吸引游客，但游客仍是被动地接受信息，如宣传片、动态模型展示、实体生物展示等。

4.3.3.3 主动—静态型展示

展品是静态型，但会吸引游客主动去感受、体验、探索、发现。如可以触摸和试用的实物展示、印章、翻页式展品（包括电子翻页），开启式展品等。

4.3.3.4 主动—态型展示

展品设计包含动态元素，并会吸引游客与之发生互动。一般都需要借助复杂的机械设备和电子设备，例如体验式机械动态模型、互动式触摸屏等。

各类展示内容及方式具体介绍如下：

表 4-5 室内宣教展馆内展品的四种不同形式

展品＼游客	被动	主动
静态	被动—静态型	主动—静态型
动态	被动—动态型	主动—动态型

图 4-24 中国台北关渡自然公园的小型餐饮区，为游客提供休憩的场所（摄影 @ 刘懿）

专栏 4-9 **被动—静态型展示**

被动—静态型展示	与游客互动的展览物品是静态的，以静态的信息传递为主，如宣教展板、宣传海报、静态展品等；游客只是被动地阅读和观看，接受相关宣教信息

案例解析

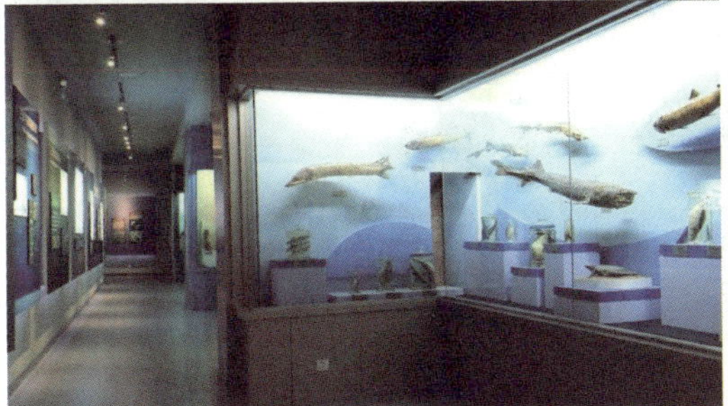

山西古城国家湿地公园 黑龙江富锦国家湿地公园图文展板、模型等静态展示是宣教场馆所采用的最普遍的展示形式。

中国台湾宜兰兰阳博物馆的各类被动—静态展示形式，展板、展柜、实物展示、模型都是比较常用的方式。中上：实物年轮展示结合解说标牌；中下：人物模型结合背景画形成真实的场景感；右：标本与展板的结合。

摄影©王原

续

被动—静态型展示	与游客互动的展览物品是静态的，以静态的信息传递为主，如宣教展板、宣传海报、静态展品等；游客只是被动地阅读和观看，接受相关宣教信息

案例解析

位于杭州的中国湿地博物馆使用大量实景还原的展示手法，集中展示世界各地最有代表性的湿地景观，视觉效果具有强烈的震撼力。但对设计、建造和维护管理的要求都非常高。此类实景模拟型的展示设计，对于中小型的湿地科普馆来说，要量力而为，谨慎选择。左：中国厅；右上：澳大利亚大堡礁湿地；右下：西溪厅。

©浙江西溪国家湿地公园

续

被动—静态型展示	与游客互动的展览物品是静态的，以静态的信息传递为主，如宣教展板、宣传海报、静态展品等；游客只是被动地阅读和观看，接受相关宣教信息

案例解析

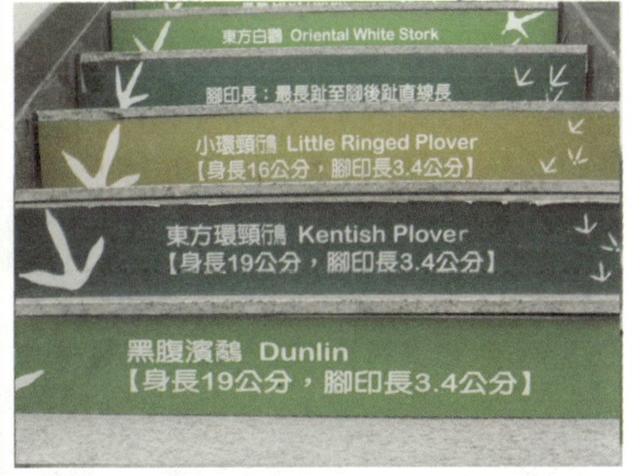

故事化和场景化的游线是一个宣教科普馆能否吸引游客的重要条件，一般来说，被动—静态型是科普馆最基本的布展方式，而对于区之间的过渡、楼梯等空间，合理巧妙地加以利用，保持参观动线的连贯，是丰富展馆展示形式，提升展示效果的有效手法。左、中：重庆汉丰湖国家湿地公园的不同展区及楼梯墙面展示；右：中国台北关渡自然公园科普馆楼梯立面的物种宣教设计。

左、中：©重庆汉丰湖国家湿地公园；右：中国台北关渡自然公园

专栏 4-10 **被动—动态型展示**

被动—动态型展示	展品设计包含动态元素（移动、发出声音或者有气味等）以吸引游客，但游客仍是被动的接受信息，如宣传片、动态模型展示、实体生物展示等

案例解析

视频类展品是湿地宣教场所采用的最普遍的一种被动—动态型展示，它具有占用空间小、信息容量大，内容丰富多元、形式生动等特点。被动—动态型展示的关键，在于展品自身的设计。
另外，被动—动态型展品因为容易吸引游客停留，不宜放在宣教场馆参访的主干游线上，以免造成游客的拥堵而妨碍有序参访。

机械类的动态展品也可帮助游客更为直观、生动地理解展示内容的内在原理或形成机制。相比于静态展示，他们对设计、建造和维护的要求更高，所需的展示空间一般也更大。

©江苏沙家浜国家湿地公园/上海炮台湾国家湿地公园

续

被动—动态型展示	展品设计包含动态元素（移动、发出声音或者有气味等）以吸引游客，但游客仍是被动地接受信息，如宣传片、动态模型展示、实体生物展示等

案例解析

左：中国台湾宜兰水草生态园区的水生植物光合作用展示，倒置试管浮出水面的高度展示了不同植物光合作用速率的差异。阳光下气泡缓缓升起，动态的展示效果非常吸引人。此展示形式生动、维护管理简单，非常适合在湿地公园宣教场馆中借鉴。

右：水陆两栖实景展示也是近年来很受欢迎的布展方式，植物、水生生物配合流水的动态展示非常吸引人。但这种展示对展馆的运营维护人员专业水平要求非常高，很难维持其良好的状态。选择时应该量力而为。

摄影©雍怡

国家湿地公园

宣教指南

第五章　人员宣教

5.1 概述

人员宣教是指依靠湿地公园宣教工作人员向游客直接提供宣教服务的宣教形式。宣教工作人员可以是湿地公园宣教部门的专职人员，或合作机构的专业人员、经过培训的志愿者。

相比于设施宣教，人员宣教可以与游客进行面对面的交流互动，并可根据游客的特点、兴趣等因素对内容和形式进行灵活的调整，沟通效果更好。但受限于服务人员的工作负荷，很难服务到公园的每一位游客。人员服务应该是设施服务的提升、补充和完善。

人员宣教不同于传统旅游范畴的“导游”服务，在形式、内容上都更为丰富（参见图 5-1）。对于大多数国家湿地公园而言，首先应确保能向游客提供常规人员宣教服务，包括带队解说和定点解说，在此基础上逐步完善拓展性的人员宣教服务，包括咨询服务、非定点解说、专题讲座、主题活动等。有条件的湿地公园应该考虑组建专业的团队，开展湿地专题环境教育项目设计、组织等工作。

具体不同类型的人员宣教方式和基本特点介绍如图 5-2，案例见专栏 5-1、专栏 5-2、专栏 5-3。

图 5-1　主题化、定制式的人员宣教会成为湿地公园运营中持续吸引公众关注和参与的亮点 © 江苏天福国家湿地公园

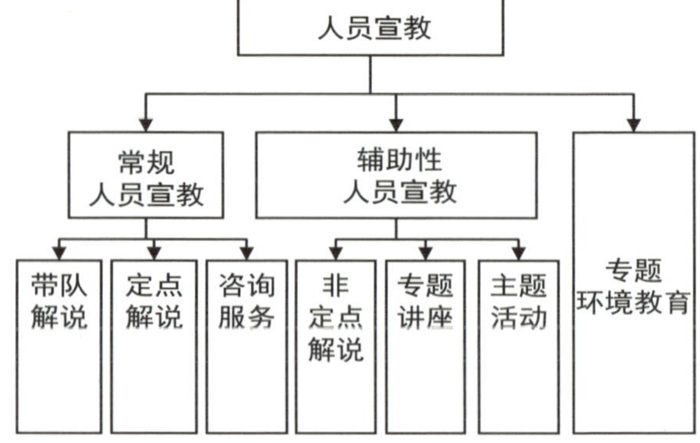

图 5-2 人员宣教的主要形式

专栏 5-1 常规人员宣教

常规人员宣教 辅助性人员宣教 专题环境教育

常规人员宣教

■ 带队解说 ★★★

简介

人员宣教中最传统、最普遍的形式。指宣教人员在固定的时间地点，带领一定数量游客，沿固定路线依序参访相关目的地，并开展系统化的人员宣教服务。

带队解说的路线、停留点和内容需根据公园宣教主题和重点资源进行设计，以确保游客可以对公园的主题和特色达到系统的了解。

优势

带队解说应根据天气、季节、游客兴趣等因素的变化进行适应性调整。为尽可能向游客提供宣教服务，有条件的湿地公园应在节假日等游客流量较大的时段，针对公园主要游线提供若干批次的免费解说服务。

此外，针对特色宣教主题和游线，以及在非高峰时段，可提供预约式定制化服务，并收取合理费用。

四川邛海国家湿地公园在节假日面向大众游客开展带队解说服务

©四川邛海国家湿地公园

江苏天福国家湿地公园面向在校学生开展的带队解说服务

©江苏天福国家湿地公园

常规人员宣教 辅助性人员宣教 专题环境教育

续

常规人员宣教

■ 定点解说 ★★☆

简介

指宣教人员在湿地公园内的重要景点、湿地保护或修复的示范点、湿地宣教设施所在点或活动现场开展的解说服务。

定点解说通常针对所在地点的特殊资源，或湿地公园的管理工作及成效，以帮助游客理解湿地公园的保护价值而开展。

优势

定点解说是带队解说的补充，是对公园重要景点的系统介绍。通常在节假日等游客流量较大时间段提供该服务，一般免费。

在宣教设施内或周边提供的定点解说有助于帮助疏导和分散游客流量。

江西饶河源国家湿地公园的解说员在科普馆向大众介绍湿地公园的历史。

©江西饶河源国家湿地公园

山西古城国家湿地公园的科普馆举办的定时定点专题解说服务。

©山西古城国家湿地公园

中国台北关渡自然公园科普馆内定时举办“小水鸭姐姐说故事”。

©中国台北关渡自然公园

专栏 5-2 辅助性人员宣教

常规人员宣教 | 辅助性人员宣教 | 专题环境教育

辅助性人员宣教

■ 咨询服务 ★★★

简介

指在公园游客服务中心、宣教馆、重要景点、入口处等设置的人员宣教服务，为游客提供宣教场所地点指引、宣教活动信息咨询、宣教材料发放等服务的人员宣教服务。

优势

一般由公园管理部门的相关人员或志愿者承担，主要是为游客提供何时何地在哪里可以获得哪些宣教服务的资讯。

中国台湾太鲁阁公园游客中心接待处提供咨询服务。

摄影© 刘懿

■ 非定点解说★☆☆

简介

指在公园中心广场、主要设施出入口广场空间、交通接驳枢纽等常常有游客聚集或需要等待的区域，根据现场资源条件、具有当下时效性宣教信息，灵活开展的人员宣教服务。

优势

非定点解说兼有宣教和公园管理服务的功能，有助于帮助疏导人流，提供游客在等待期更好的游览体验，并能有效强化公园宣教主题，提升服务效果。

上海自然博物馆的解说员根据访客 情况开展不定点解说服务。

©上海自然博物馆网站

■ 专题讲座 ★☆☆

简介

指针对与湿地相关的环境议题，定期或在重要节日开展的，邀请相关领域专业人士，面向公园游客或周边社区公众，举办的专题性讲座服务。

优势

专题讲座一般结合公园的重要活动举办。有条件的湿地公园也可以定期开展如“专家讲坛”“湿地课堂”等系列专题讲座。内容包含湿地基本知识、湿地科普调查、湿地科研成果、湿地文化等。

上海自然博物馆探索中心不定期举办专题讲座。

©上海自然博物馆网站

■ 主题活动 ★★☆

简介

指结合公园的宣教主题或特定主题节日设计开展的， 融合湿地保护、管理、文化等多元内容，通过表演、互动体验等形式开展的人员宣教体验等形式的主题宣教活动。

优势

常见形式包括世界湿地日等环保主题节日宣传活动、湿地小剧场、湿地文化节、湿地艺术节等。可借助成熟的艺术形式，但应确保内容设计不偏离湿地保护和管理的内涵。

江苏沙家浜国家湿地公园在地球日举办的主题环保节日活动。

© 江苏沙家浜国家湿地公园

专栏 5-3 专题环境教育

常规人员宣教 辅助性人员宣教 专题环境教育

专题环境教育 ★★☆

简介

指由专业环境教育人员用专业方法设计的，结合湿地公园自然环境，用生动和可体验的方式教授湿地公园的保护、恢复等相关知识，并为激发参与者理解湿地价值、认同湿地保护重要性，并激发参与保护意愿的专题化、系列化的课程。

优势

一般由专业团队定期在公园内组织，或到公园周边社区和学校提供到校讲授服务。

课程有主题和系统化的课程，每套课程均有完整的教学方案。环境教育活动开展后及时收集参与者的反馈意见，并根据这些内容进行课程内容的调整和优化。常见的可设计为环境教育活动的内容包括：观鸟、湿地植物认知、昆虫观察、湿地生境管理、湿地合理利用模式学习等。

四川邛海国家湿地公园面向青少年举办以观鸟为主题的环境教育活动。

苏州太湖湖滨国家湿地公园的青梅果酱制作宣教活动方案，让参与者体验传统的青梅采摘和加工方法，并从中思考和理解本土物种保护和社区参与保护的重要意义。

续

专题环境教育 ★★☆

简介

指由专业环境教育人员用专业方法设计的，结合湿地公园自然环境，用生动和可体验的方式教授湿地公园的保护、恢复等相关知识，为参与者理解湿地价 值、认同湿地保护重要性，并参与保护意愿的专题化、系列化的课程。

优势

一般由专业团队定期在公园内组织，或到公园周边社区和学校提供到校讲授服务。

课程有主题和系统化的课程，每套课程均有完整的教学方案 。环境教育活动开展后及时收集参与者的反馈意见，并根据这些内容进行课程内容的调整和优化。常见的可设计为环境教育活动的内容包括：观鸟、湿地植物认知、昆虫观察、湿地生境管理、湿地合理利用模式学习等。

中国台湾罗东自然中心的主题教育课程 自左至右：“水生家族 ” “一路太平老故事” “溯游水世界” 等。

左上 ／左下：摄影 ©陆君；中 ／ 右：©中国台湾罗东自然中心官方网站

主题	课程名称	适用年级									时间（时）
		1	2	3	4	5	6	7	8	9	
林业历史	快乐山上人	•	•	•							1.5
	铁道之谜					•	•				2.5
鸟类生态	池畔日志			•	•	•	•	•	•	•	2.5
湿地生态	水生家族				•	•					2.5
	庞德工作室				•	•	•	•	•	•	5
	溪游水世界				•	•	•	•	•	•	5
森林生态	小小大森林	•	•	•							2
	绿色小精灵					•	•				2.5
	绿色宝藏							•	•	•	3
水环境保育	水•危机百科				•	•	•	•	•	•	5
导览课程	一路太平老故事	•	•	•	•	•	•				1.5
到校服务	教室里的好奇脑				•	•	•				3
总数	12	3	3	4	7	9	8	5	5	5	

中国台湾罗东自然中心在人禾环境伦理基金会的辅导下，开发出面向不同目标人群的环境教育课程体系。

©中国台湾罗东自然中心

5.2 人员宣教的组织架构和职位功能

国家湿地公园管理机构应设立宣教部门及宣教岗位（见图 5-3）。根据人员宣教工作的主要类型和内容，宣教团队的人员分工和主要职能包括以下四类：

5.2.1 部门负责人

统筹管理和协调公园宣教工作，应直接向公园主管领导汇报。

5.2.2 解说导览部门

此部门负责公园主要宣教场馆和设施的日常运营和管理、带队解说、定点解说和其他直接为游客提供宣教服务等工作，一般是宣教团队中人员数量最大的部门，可以在公园“导游”团队的基础上选拔培训并组建。

5.2.3 环境教育部门

此部门负责公园的环境教育活动设计和组织。可以在解说导览部门中选拔专业能力出色的员工进行升级培训后组建，也可以和专业环境教育机构合作组建。

图 5-3 无论是专职人员还是志愿者，培养一支专业的宣教团队是湿地公园开展宣教工作的基础
© 广东广州海珠国家湿地公园

5.2.4 策划组织部门

此部门负责公园所有宣教活动的策划、宣传、组织实施、媒体联络、游客招募等工作。当遇有大型宣教主题活动时，可以从上述两个部门中抽调相关人员协助完成。

湿地公园应根据以上人员及职位设立原则，结合公园自身组织架构情况，设立并完善自身宣教团队的组织架构和人员配置。

专栏 5-4、专栏 5-5 分别以重庆汉丰湖国家湿地公园、广东广州海珠国家湿地公园以及中国台北关渡自然公园为案例分析不同人员宣教架构的设立方式和效果。

专栏 5-4 重庆汉丰湖国家湿地公园和广东广州海珠国家湿地公园宣教团队组织架构及分析

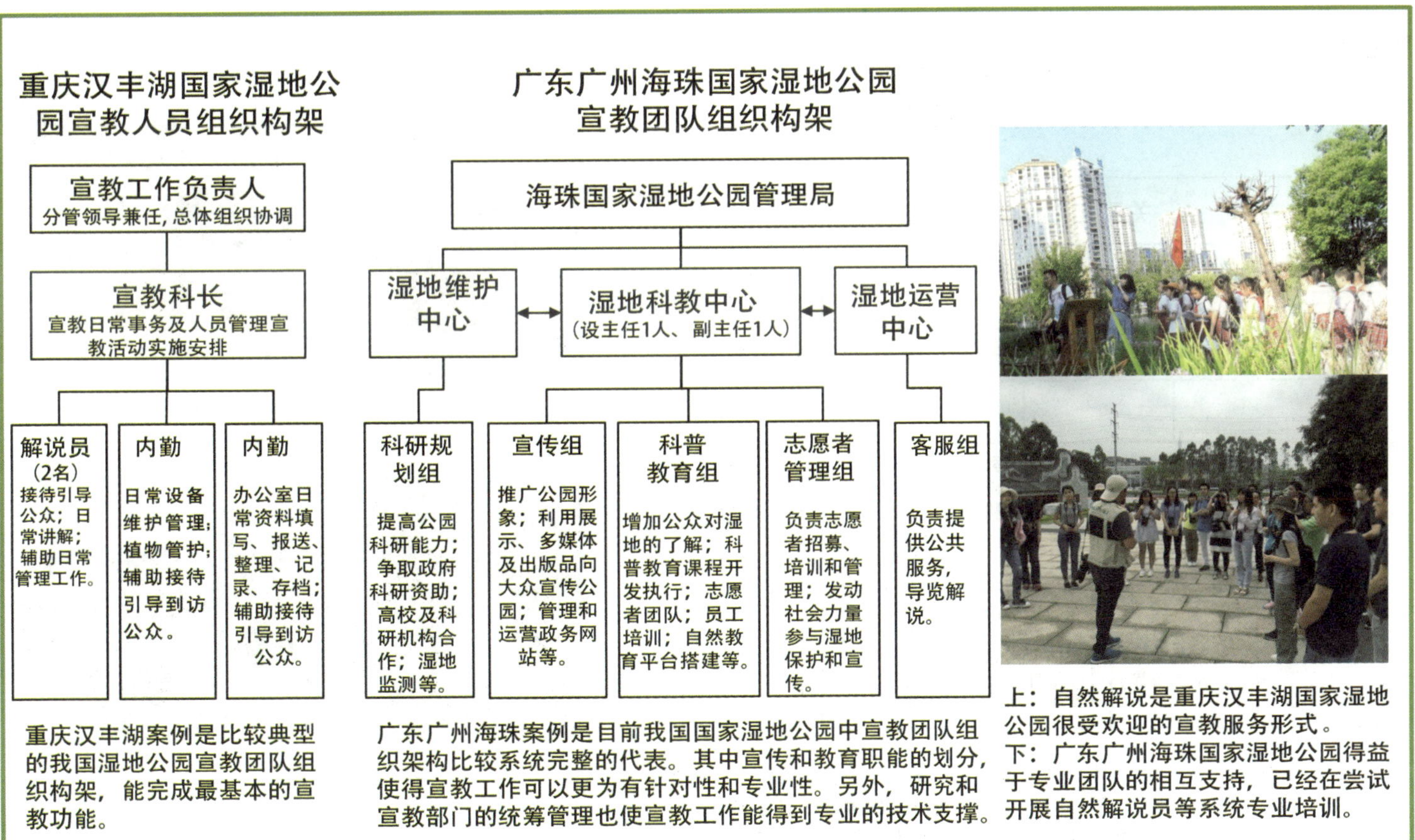

重庆汉丰湖案例是比较典型的我国湿地公园宣教团队组织构架，能完成最基本的宣教功能。

广东广州海珠案例是目前我国国家湿地公园中宣教团队组织架构比较系统完整的代表。其中宣传和教育职能的划分，使得宣教工作可以更为有针对性和专业性。另外，研究和宣教部门的统筹管理也使宣教工作能得到专业的技术支撑。

上：自然解说是重庆汉丰湖国家湿地公园很受欢迎的宣教服务形式。
下：广东广州海珠国家湿地公园得益于专业团队的相互支持，已经在尝试开展自然解说员等系统专业培训。

专栏 5-5　中国台北关渡自然公园宣教团队组织架构及分析

中国台北关渡

中国台北关渡自然公园
组织构架及宣教相关团队

关渡自然公园管理处

运营部	公共事业部	环境教育部	环境保育部	志工资源部
负责行政及经营事务管理和现场服务，具体包括财务会计；人事管理；资讯管理；营运服务等。	负责品牌管理、项目企划及营销，具体包括公共推广、营销企划、馆际交流及关濂国际自然装置艺术季、企业合作等。	负责环境教育项目的研发、执行和宣传推广，具体包括：教育活动发展与推动；宣教展示、媒体及出版品管理；教育资源转化。	负责环境保育及公园环境管理：具体包括野生物栖地经营管理；户外空间及生物展示营造；休闲游憩空间营造；研究调查。	志工(志愿者)人力资源管理与培训：义工招募、培训、义工成长课、人力调度管理。

关渡案例梳理了该公园的整体管理架构，可以发现除了有专门负责环境教育的独立部门外，其他部门都需要提供相关支持，如运营部对项目运营及宣教现场服务的支持，公共事业部对项目设计和推广的支持，环境保育部对项目基地管理的支持，以及志工资源部对志愿者团队的管理和技术支持。

上：中国台北关渡自然公园环境教育团队的项目执行需要环境保育部门在生境管理上给予支持。
下：志工是关渡自然公园非常重要的环境教育服务者，得益于志工资源部对环境教育项目的大力支持。

5.3　宣教人员的基本要求

合格的宣教人员应该具备三方面的职业素养。

5.3.1　较为全面的湿地专业知识

湿地公园宣教人员首先应接受湿地相关基本知识的培训，并在工作过程中不断积累并将专业知识和户外实地观察及体验结合起来，向游客解说。专业知识的学习可以以本指南第二章中所介绍的“湿地公园宣教主题和宣教资源清单”的内容为基础，根据各公园具体情况，包括但不限于湿地基础知识、湿地生物多样性、湿地保护和恢复原理、技术、方法及案例、湿地文化等内容的学习。

5.3.2　理解游客心理

湿地公园宣教的对象是人。不同年龄、性别、职业、知识背景的人，关注的兴趣点不同，游览湿地公园的目的不同，宣教人员应能根据不同的人群提供有针对性的宣教服务。

图 5-4　人员解说在专业科学的基础上还要针对目标人群，擅用合适的沟通方式，才能取得最好效果（© 世界自然基金会）

一般来说，湿地公园宣教活动主要针对普通游客和团队游客。而团队游客又分为旅游团队、学生团队、自然爱好者团队、企业团队等几种主要类型。不同游客的特点和人员宣教方式见表 5-1。

表 5-1 面向不同类型游客的人员宣教方式介绍

主要游客类型		特点	人员宣教建议
普通游客		散客停留时间较长且行程安排较灵活，也更愿意倾听讲解和交流。但比较难以组织和管理	可以提供定点定时特定路线的讲解服务，或在重点景点提供定点讲解。如发现游客对某一知识点特别有兴趣，可适当深入解说，并与之互动交流
团队游客	旅游团队	团队游客主要为观光旅游而来，人数较多，人群类型较多元，游览行程比较紧凑，时间的灵活性不强	介绍最有代表性游线及沿线之重要宣教资源即可，内容尽可能浅显易懂且与生活结合，若游客有深度体验的兴趣和需求，可鼓励他们关注公园网站或微信的主题活动信息发布，不要因为一两个人的问题而打乱整个团队的游览节奏
	学生团队	学生团队是湿地公园人员宣教工作的重点目标人群，随着年龄增长对宣教内容的需求差异较大	对小学低年级的学生，以介绍湿地基础知识和直观可体验的美感或价值为主；对小学中高年级的学生，可增加湿地功能、生物多样性、生态系统、湿地保护恢复技术方法、湿地文化等内容，并鼓励学生思考和理解；对中学以上的学生，应以基础解说辅助环境教育活动为主，减少工作人员讲解、教授的比例，更多鼓励学生自我探索、发现现象或问题，寻找并实践解决方案 此类人群中如果有亲子共同参与，要注意设计针对成人和孩子的不同服务，并尽可能地创造亲子互动的机会
	自然爱好者团队	对植物、鸟类、昆虫等自然主题有特殊爱好的人群，有一定的专业背景，对定制化服务要求高	可以针对此类人群的需求设计针对性的活动，甚至提供特殊的服务，比如对观鸟爱好者团队提供晨间观鸟的入园服务 应充分利用此类人群的专业特长，鼓励、吸引他们参与公园的日常科研监测、环境教育活动等工作，发展资深志愿者，支持公园宣教工作的持续深入开展
	企业团队	以企业员工活动或家庭日等形式组织的团队游客，一般都带有团队建设的目的	可以在最有代表性的游线讲解基础上，根据企业团队的具体需要，设计有针对性的活动，比如，观鸟、观植物等自然观察活动、环保手工活动等，以配合企业团队建设等活动目的。如果是带有公益或企业社会责任目标的团队，可以设计志愿者服务等活动

5.3.3 沟通技巧

游客的参访行为是短暂的，能在一次参访行程中获得宣教传递的知识和信息量也是有限的。因此宣教的目标不应该仅仅局限于讲授了多少知识，而更应该关注游客是否因此对湿地有了全新的理解和认识，进而对湿地公园的景观、生物多样性、文化等因素更有兴趣，甚至激发他们再次参访，或关注其他类型湿地的可能。这就要求宣教人员有较好的人际沟通和表达能力，而不仅仅能准确、全面地传递相关的知识，还能够寓教于乐，带给游客愉快的参访体验。这些沟通和表达的方法包括：

5.3.3.1 基本表达

仪态端庄、讲解清晰、流畅、速度适中，并善于使用适当的眼神、肢体语言、必要的工具（如图鉴、照片、观察工具等）辅助表达， 帮助游客生动理解自己所讲解的内容。

5.3.3.2 全面兼顾

讲解过程中注意尽可能和每个游客都有短暂的眼神交流，以传递关注、热情和亲切感，并吸引游客的注意力、确保有效的沟通。

5.3.3.3 寓教于乐

讲解的内容要兼顾知识性和趣味性，避免让游客觉得在被“教育”，多用轻松的方式和鼓励的口吻让游客聆听解说或参与体验。

5.3.3.4 与生活相关

寻找解说内容和游客日常生活之间的联系，让游客更容易理解解说的内容，也更容易引发游客兴趣。

5.3.3.5 擅用提问

在讲解过程中穿插提问，鼓励每个人参与思考并尽可能对游客的回答做出评价，同时鼓励游客发问，并从他们的问答中了解他们的兴趣点和关注点，有针对性地调整后续讲解的内容。

针对不同类型的游客需求，相应适宜的宣教活动案例参见专栏 5-6。

专栏 5-6　面向不同类型游客的人员宣教方式

面向不同类型游客的人员宣教方式>>普通游客

特点

散客停留时间较长且行程安排较灵活，也更愿意倾听讲解和交流。但比较难以组织和管理

人员宣教建议

可以提供定点定时特定路线的讲解服务，或在重点景点提供定点讲解。如发现游客对某一知识点特别有兴趣，可适当深入解说，并与之互动交流

河北北戴河国家湿地公园面向公众定期组织宣教解说活动。

©河北北戴河国家湿地公园

苏州太湖湖滨国家湿地公园的解说员带领游客沿湿地步道进行解说。

©苏州太湖湖滨国家湿地公园

内蒙古根河源国家湿地公园的解说员在游客中心为游客提供解说服务。

©内蒙古根河源国家湿地公园

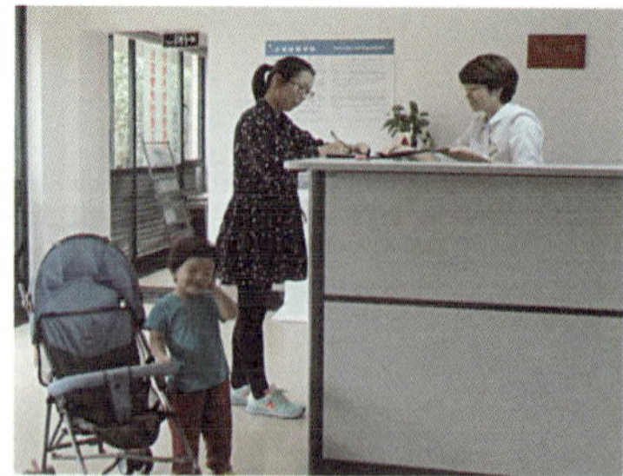

上海炮台湾国家湿地公园游客中心的咨询服务。

©上海炮台湾国家湿地公园

广东广州海珠国家湿地公园的宣教工具“蝴蝶图鉴”。

©广东广州海珠国家湿地公园

续

面向不同类型游客的人员宣教方式>>普通游客

特点

散客停留时间较长且行程安排较灵活，也更愿意倾听讲解和交流。但比较难以组织和管理

人员宣教建议

可以提供定点定时特定路线的讲解服务，或在重点景点提供定点讲解。如发现游客对某一知识点特别有兴趣，可适当深入解说，并与之互动交流

©重庆汉丰湖国家湿地公园在世界湿地日举办走进社区的宣教活动。

©广东广州海珠国家湿地公园面向社会大众定期举办公益观鸟和相关讲座等活动。

©杭州西溪国家湿地公园对普通游客进行垃圾分类常识、“保护环境随手可做的40件小事”“垃圾换炭包”等知识的宣教。

续

面向不同类型游客的人员宣教方式>>旅游团队

特点

团队游客主要为观光旅游而来，人数较多，人群类型较多元，览行程比较紧凑，时间的灵活性不强

人员宣教建议

介绍最有代表性游线及沿线之重要宣教资源即可，内容尽可能浅显易懂，且与生活结合，若有游客有深度体验的兴趣和需求，可鼓励他们关注公园网站或微信的主题活动信息发布，而不要因为一两个人的问题而打乱整个团队的游览节奏

国家湿地公园开展的各种针对团队游客的宣教活动。

左上：江苏天福国家湿地公园；右上：©山西古城国家湿地公园；左下：© 黑龙江富锦国家湿地公园；
右下： ©江苏沙家浜国家湿地公园

续

面向不同类型游客的人员宣教方式>>学生团队

特点

学生团队是湿地公园人员宣教工作的重点目标人群，随着年龄增长对宣教内容的需求差异较大

人员宣教建议

对小学低年级的学生，以介绍湿地基础知识和直观可体验的美感或价值为主；

对小学中高年级的学生，可增加湿地功能、生物多样性、生态系统、湿地保护恢复技术方法、湿地文化等内容，并鼓励学生思考和理解；

对中学以上的学生，应以基础解说辅助环境教育活动为主，减少工作人员讲解、教授的比例，更多鼓励学生自我探索、发现现象或问题，寻找并实践解决方案。

此类人群中如果有亲子共同参与，要注意设计针对成人和孩子的不同服务，并尽可能创造亲子互动的机会

辽宁蒲河国家湿地公园管理局组织小记者、中小学生走进湿地活动。

©辽宁蒲河国家湿地公园

江苏沙家浜国家湿地公园将学生们带入湿地，认识湿地，认识湿地生物。

©江苏沙家浜国家湿地公园

上海炮台湾国家湿地公园组织中学生参与湿地公园主题宣教活动。

©上海炮台湾国家湿地公园

江苏同里国家湿地公园带领大学生走进大自然，通过亲身的体验、解说、实践，领略大自然的独特魅力。

©江苏同里国家湿地公园

续

面向不同类型游客的人员宣教方式>>自然爱好者团队

特点

对植物、鸟类、昆虫等自然主题有特殊爱好的人群，有一定的专业背景，对定制化服务要求高

人员宣教建议

可以针对此类人群的需求设计针对性的活动，甚至提供特殊的服务，必须对观鸟爱好者团队提供晨间观鸟的入园服务

此外，应充分利用此类人群的专业特长，鼓励、吸引他们参与公园的日常科研监测、环境教育活动等工作，发展资深志愿者，支持公园宣教工作的持续深入开展

湿地公园的宣教活动可以充分与当地自然爱好者及相关社团联合开展，并逐渐吸引参加者成为湿地公园的志愿者和日常宣教活动支持者；湿地公园需要逐渐完善自身举办深度环境教育活动的场地和硬件设施。左上、右上、左下：河北北海滨海国家湿地公园组织自然爱好者在公园的滨海区域开展护鸴主。题宣教活动；右下：苏州太湖湖滨国家湿地公园的观鸟场地和设备。

左上、右上、左下：© 河北北海滨海国家湿地公园；右下：苏州太湖湖滨国家湿地公园

续

面向不同类型游客的人员宣教方式>>企业团队

特点

以企业员工活动或家庭日等形式组织的团队游客，一般都带有团队建设的目的

人员宣教建议

可以在最有代表性的游线讲解基础上，根据企业团队的具体需要，设计有针对性的活动，比如，观鸟、观植物等自然观察活动、环保手工活动等，以配合企业团队建设等活动目的。如果是带有公益或企业社会责任目标的团队，可以设计志愿者服务等活动

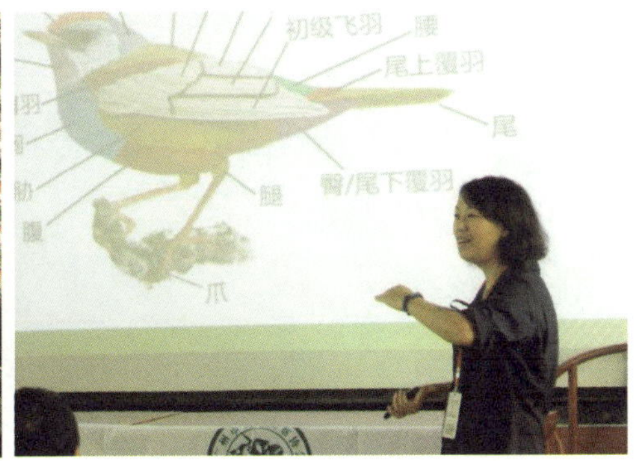

国家湿地应积极开展与企业的合作，协助企业组织员工志愿者赴公园参与环境教育、志愿者服务、团队建设等活动，在学习湿地相关知识的同时，为公园的管理和湿地保护做出积极的贡献，致力于探索一条湿地公园与企业合作的新模式。

左上及右上：广东广州海珠国家湿地公园协助企业举办面向环保志愿者的专业培训；下：江苏同里国家湿地公园举办的企业员工自然体验及环境教育活动

左上及右上：©广东广州海珠国家湿地公园；右下：江苏同里国家湿地公园

5.4 人员宣教主题活动

人员宣教主题活动指结合公园的宣教主题或特定主题节日设计开展的，融合湿地保护、管理、文化等多元内容，通过表演、互动体验等人员宣教体验形式开展主题宣教活动。围绕特定主题，开展活动策划主要遵循以下原则：

- 主题选择

主题的选择不仅要结合湿地公园生态环境保护的地域性特色，还要考虑主题活动的时序性和延续性。

- 组织主体

活动策划要围绕主题，引入多方主体资源，包括政府、行业协会、NGO、相关企业、地方社团等。

- 活动媒介

主题活动尽量运用多种媒介，包括解说导览、主题演讲、DIY、互动体验、分组活动、文字交流等形式。

- 场地规划

主题活动的场地规划要结合湿地公园的属地资源，结合室内科普馆、游客中心以及户外步道、景观景点等宣教点，丰富主题活动的游线。

- 活动流程

主题活动的策划要考虑空间和时间序列上的节奏，兼顾室内、室外，并

图 5-5　世界自然基金会在长江湿地网络自然学校开展的各类环境教育活动
摄影 © 孙晓东

结合不同季节、活动主题进行流程设计。

● 安全保障

主题活动大多人数较多，应充分考虑人群疏散、防灾救灾、消防设施等相关安全保障体系。

专栏 5-7，专栏 5-8，专栏 5-9 分别介绍中国台北关渡自然公园 2016 国际赏鸟博览会、江苏苏州沙家浜国家湿地公园 2015 年湿地文化节、中国湿地文化节的活动设计方案。

专栏 5-7　中国台北关渡自然公园 2016 国家赏鸟博览会主题活动

2016第18届台北国际赏鸟博览会

主题：走向里山—创造人与自然的和谐

时间：2016年10月22、23日（六、日）　地点：台北关渡自然公园

主题展区：

- 里山主题区
- 里山农学院
- 生态小剧场
- 自然讲堂
- 野望放映室
- NGO地球村
- 赏鸟补给站

1. 主题设计：

扩大野鸟保育观点，将友善环境、保护生物多样性的里山倡议介绍给大众，提供城市居民环境友善生活的解决方案。

2. 分展区主题及内容设计

主题展区	主题内容	目标人群	活动形式
里山主题区	里山倡议的背景介绍；里山精神内涵；台湾里山的发展	所有大众	主题解说、互动游戏、DIY
里山农学院	分享对土地的热情和大自然所给予的感动	所有大众	农产品、手工艺品售卖
生态小剧场	“许一个美好的家”手偶剧演出	亲子家庭	剧场、互动游戏、DIY
自然讲堂	环境议题	所有大众	专家讲座
野望放映室	人与自然和谐相处之道	所有大众	影视媒体解说
NGO地球村	邀请国内外保育团体、里山倡议国际伙伴关系	生态爱好者	摊位展示
赏鸟补给站	邀请望远镜厂商、赏鸟衣帽等相关厂商，展示各式赏鸟配备	生态爱好者	摊位展示

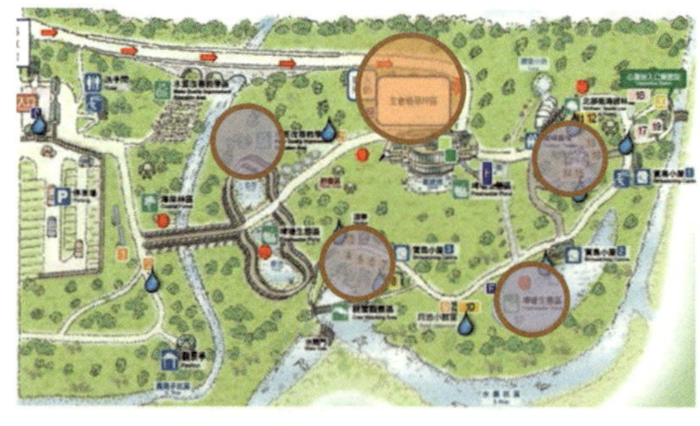

3. 展区空间布局规划

展区规划充分利用湿地公园游客中心、科普馆等室内展馆，并结合游线，串联公园各类主要景观节点，形成丰富、主次分明的展览游线。

专栏 5-8 沙家浜国家湿地公园 2015 湿地文化节主题活动

第二届沙家浜湿地文化节

主题：碧水芦荡 美丽湿地

时间：2015年11月28日—12月7日 地点：江苏苏州沙家浜国家湿地公园

主题活动

- 湿地文化节开幕
- 湿地野趣亲子游
- 湿地生态科普宣传月
- 自然笔记征集
- 湿地保护签名义卖会
- 皮划艇表演赛和低碳骑行活动
- 亲子自然手工DIY制作

1. 文化节主题的选择：

结合沙家浜湿地特色，围绕“碧水芦荡 美丽湿地”主题，依次策划“亲近自然—认识自然—感悟自然—感恩自然—灵动自然—妙趣自然”六大类主题系列。

2. 活动设计的时间节奏和内容策划

湿地文化节开幕式

湿地保护义卖会

湿地生态科普宣传月 持续30天

亲子自然手工DIY 逢周末举办

专栏 5-9 中国湿地文化节主题活动

中国湿地文化节 由国家林业局与地方合作伙伴联合举办，以推动湿地保护事业健康发展为宗旨，自2009年以来每两年召开一次，目前已在杭州、无锡、东营举办过三届

主题活动

- □湿地文化节开幕
- □新增国际重要湿地颁证
- □国家湿地公园授牌
- □国际湿地论坛
- □国家湿地公园建设管理座谈会
- □湿地文化活动
- □闭幕式

2009年，第一届
主题：湿地与文化
举办地：杭州西溪湿地

2011年，第二届
主题：湿地与人类福祉
举办地：无锡

2013年，第三届
主题：湿地保护与可持续发展
举办地：东营

重要活动（以第三届为例）

中国湿地文化节开幕式

国家湿地公园授牌

东营国际湿地论坛

5.5 专题环境教育

环境教育是湿地公园人员宣教对专业能力要求最高的一种形式，既需要对湿地基础科学知识的融汇贯通，又需要掌握环境教育的方法和技巧。

5.5.1 湿地公园环境教育的目标

将环境教育的五大目标结合湿地宣教的具体要求，形成湿地环境教育从认知到知识、价值观、方法，以及行动的循序渐进的目标（资料来源：世界自然基金会《生机湿地》，图 5-6）：

- 通过自然体验和感知，建立对湿地生态价值及相关环境问题的基本认知；
- 依循教育引导和思考，理解湿地保护管理及其面临挑战威胁的相关知识；
- 基于课程时间和经验，形成保护湿地的价值观和参与保护的主观积极性；
- 借助活动参与和实践，掌握相关分析、理解和解决湿地问题的方法技能；
- 总结课程内涵和外延，思考并践行直接或间接参与保护湿地的具体行动。

5.5.2 湿地环境教育项目设计的原则

湿地环境教育项目的设计，应该包含一整套系列课程。这一套课程中的具体课程模块应该针对不同湿地相关知识点、目标人群、教学方法和形式内容，但整套课程的设计、执行和管理，要具有一定的系统性和全面性。即需要满足以下十条标准（资料来源：世界自然基金会《生机湿地》，图 5-7）：

①清晰、准确且贯穿始终的环境教育目标；

② 基于科学、专业、严谨的背景知识体系；

③能激发兴趣、促进有效学习的教育方法；

④兼顾结构逻辑和内容丰富度的系统框架；

⑤针对受众多样性，可供选择定制的内容；

⑥能适用不同时间和教学场所的灵活方案；

⑦提供配合开展教学活动所需的课件及工具；

⑧ 立足本土，着眼于当地问题的认知和解决；

⑨放眼全球，致力培育社会共识和行动力量；

⑩支持和服务课程应用推广的行政协调系统。

图 5-6　环境教育五大目标

5.5.3　湿地环境教育项目的设计方法

5.5.3.1　模块化设计

为了使湿地环境教育课程的内容能满足不同目标人群、不同时间地点和不同教育主题的差异，可以采用模块化设计的理念，即在课程模块设计中明确教育目标、知识点、分步骤的授课过程等内容，以及课程适宜的目标群体、授课季节、地点、课程时长等操作性要素。教育者可以根据具体的学习者类型和需求，选择合适的模块自由组合成灵活的定制化教学方案，以满足不同授课对象在不同时空环境下开展教学活动的需求（参见表 5-2、表 5-3）。

图 5-7　世界自然基金会和国家林业局湿地保护管理中心联合发布《生机湿地——WWF 中国环境教育课程湿地篇》，为湿地环境教育项目设计和实践提供系统的指导

表 5-2 WWF 生机湿地课程模块化设计框架

次主题	模块名称	适宜季节	活动时长（分钟）	主要目标人群	扩展目标人群*					
					1	2	3	4	5	6
奇妙水世界	奇妙的水	春夏秋冬	45~90	小学生	💧	💧				💧
	神奇的湿地	春夏秋冬	45~120	初中生	💧	💧	💧	💧	💧	💧
湿地放大镜	自然竞技场	春夏秋	50~150	小学生	💧	💧	💧	💧	💧	💧
	餐桌上的湿地植物	春夏秋	50~90	小学生	💧	💧	💧			💧
	飞羽寻踪	春秋冬	45~90	小学生	💧	💧	💧	💧	💧	💧
	中华鲟洄游之路	春夏秋冬	45~90	初中生	💧	💧	💧			💧
湿地与我们	稻乡	春夏秋冬	50~90	小学生	💧	💧	💧			💧
	四季渔场	春夏秋冬	45~80	高中生		💧	💧	💧	💧	
	湿地探索家	春夏秋	60~120	初中生	💧	💧	💧	💧	💧	💧
湿地守护者	湿地规划师	春夏秋冬	50~90	高中生		💧	💧	💧	💧	
	不速之客	春夏秋冬	45~90	高中生	💧	💧	💧	💧	💧	💧
	我的水足迹	春夏秋冬	45~80	高中生	💧	💧	💧	💧	💧	💧

* 人群划分：1. 小学生　2. 初中生　3. 高中生　4. 大学生　5. 成人　6. 亲子家庭

说明：课程以“生机湿地”为主题，下设四个次主题，12 个课程模块。各模块的知识点、目标受众、授课时间等信息各有差异，教育者可根据实际情况进行灵活组合，形成多元丰富，且有针对性地综合课程方案。

表 5-3 WWF 香港淡水与湿地环境教育课程框架

項目一覽

淡水及濕地教育項目

	淡水及濕地教育項目	小學			中學					
		濕地小偵探	小鳥的故事	米埔小世界	濕地保育全接觸	濕地解構之旅	紅樹林生態	后海灣規劃師	濕地生態學家	米埔多面睇
	對象	小四至小六			中一至中六	中一至中三	中四至中六			
	日期	逢星期一、二、四、五（公眾假期除外）			逢星期二、四	逢星期一、二、四、五（公眾假期除外）				
	時間	三小時			四小時					
	人數	30-38位學生（2-4位隨行教師）								
	費用	免費（費用由教育局支付）								
	申請方法	網上								
教學形式	野生生物觀察	✓	✓	✓	✓	✓	✓	✓	✓	✓
教學形式	角色扮演	✓	✓					✓		✓
教學形式	導賞及講解	✓	✓	✓	✓	✓	✓	✓	✓	✓
教學形式	實地考察	✓	✓	✓	✓	✓	✓	✓	✓	✓
教學形式	遊戲	✓	✓	✓		✓				✓
教學形式	相片分享					✓				
教學形式	感官活動	✓								
教學形式	參與保護區工作				✓				✓	
教學形式	生態調查				✓	✓	✓		✓	
教學形式	討論				✓	✓	✓	✓	✓	✓

说明：课程针对小学和中学不同年龄阶段学生设计了因材施教、循序渐进的课程方案，并综合了自然观察、环境解说、自然游戏、现场调查等教育方法，以形成非常丰富多元，且灵活有针对性的课程方案。（©WWF HK）

5.5.3.2 与现行教育体制的融合

为了使湿地公园的环境教育项目让尽可能多的人，特别是青少年儿童受益，在课程设计中应充分考虑如何与现行的学校教育体制融合，让学校老师有机会带领学生参与活动，甚至经过培训成为课程的教授者。

以 WWF 的生机湿地课程为例，其中各模块内容与我国现行中小学科学课程标准的相关性分析见表 5-4、表 5-5：

5.5.3.3 环境教育活动的方案设计

表 5-4 WWF 生机湿地课程中各模块内容与我国小学科学课程标准的相关性梳理

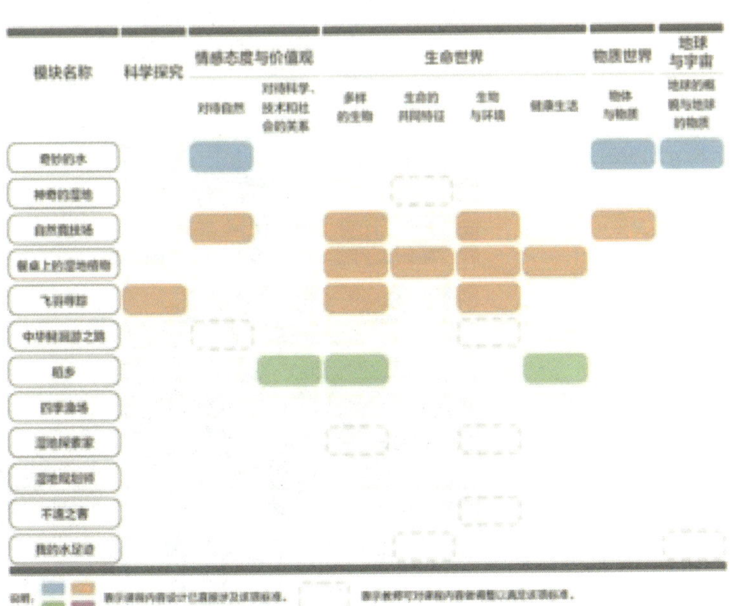

表 5-5 WWF 生机湿地课程中各模块内容与我国初中生物课程标准的相关性梳理

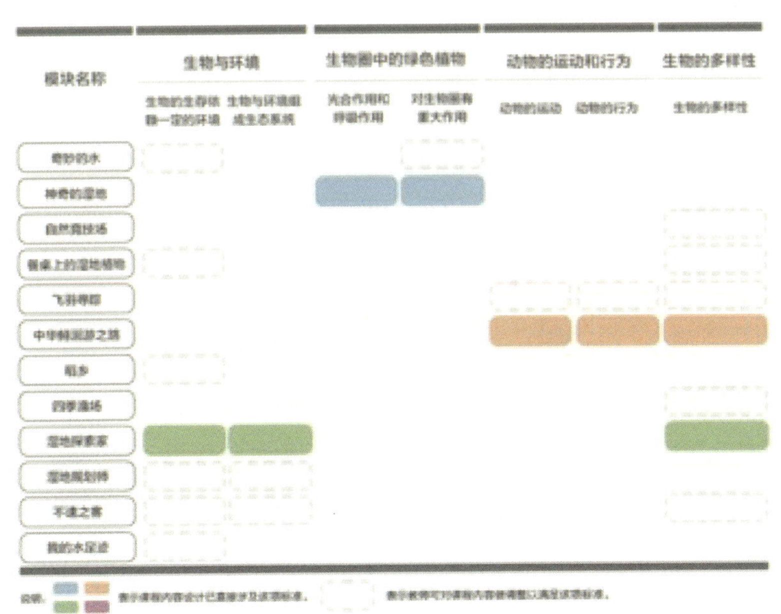

环境教育活动的形式不是单纯的授课和讲解，环境教育的活动内容也不仅仅包括解说、问答等形式。一个完整、专业的环境教育课程方案，应该包含以下几个主要内容：

（1）基本信息

包括活动的主题，授课对象，师生比，授课地点，时间，所需的辅助教具等帮助教育者为活动提前做好准备。

（2）教育内容

包括涉及的知识点、具体的教学目标、与其他教育目标的相关性、知识点及背景知识等。

（3）课程的引入和构建

在课程开始时将课程主题与学习者的生活、经历、知识背景等建立联系，并引入课程涉及的基础知识点和技术方法框架。此环节多借助图片、影像、实物等素材，以及互动提问等方式，意在激发兴趣、构建知识基础。

（4）课程的实践和讨论

通过参与体验，帮助学习者在实践过程中理解和消化课程的核心知识，并获得或了解实践经验及解决问题的技能方法。此外，还应通过组织学习者之间的讨论分享，帮助他们多视角和多维度地深入思考。

（5）课程的总结、评估和拓展

教育者应通过总结环节对课程的核心知识点加以强化，并对课后延伸学习提出建议。课程后应开展针对学习者的评估，并通过收集反馈，不断优化教育方案，并拓展其他领域的学习。

图 5-8 © 中国台北关渡自然公园面向各年龄阶段儿童开展有针对性设计的湿地环境教育课程

湿地环境教育项目的方案设计模板参见表 5-6，案例方案设计请参照表 5-7、图 5-9。具体课程方案可参考《生机湿地——WWF 中国环境教育课程：湿地篇》。

表 5-6　湿地环境教育课程方案设计表

<table>
<tr><td colspan="2">课程主题</td><td colspan="3"></td></tr>
<tr><td colspan="2">课程模块</td><td colspan="3"></td></tr>
<tr><td colspan="2">举办时间</td><td></td><td>活动时间</td><td></td></tr>
<tr><td colspan="2">授课对象</td><td></td><td>授课师生比</td><td></td></tr>
<tr><td colspan="2">授课地点</td><td></td><td>涉及核心素养</td><td></td></tr>
<tr><td colspan="2">教学材料</td><td></td><td>知识点</td><td></td></tr>
<tr><td colspan="2">教学目标</td><td colspan="3"></td></tr>
<tr><td colspan="2">环境教育教学目标</td><td colspan="3"></td></tr>
<tr><td colspan="2">与学校课程标准的联系</td><td colspan="3"></td></tr>
<tr><td rowspan="6">活动流程</td><td>1. 导入</td><td colspan="3"></td></tr>
<tr><td>2. 构建</td><td colspan="3"></td></tr>
<tr><td>3. 实践</td><td colspan="3"></td></tr>
<tr><td>4. 分享</td><td colspan="3"></td></tr>
<tr><td>5. 总结</td><td colspan="3"></td></tr>
<tr><td>6. 评估</td><td colspan="3"></td></tr>
<tr><td colspan="2">课程延伸</td><td colspan="3"></td></tr>
</table>

* 本课程方案按 20 人，分 4 组，总时长 90 分钟设计，如学生人数或分组数增加，则相应增加实践和分享环节的时间。原则上此课程模块的授课时间不超过 2 小时。

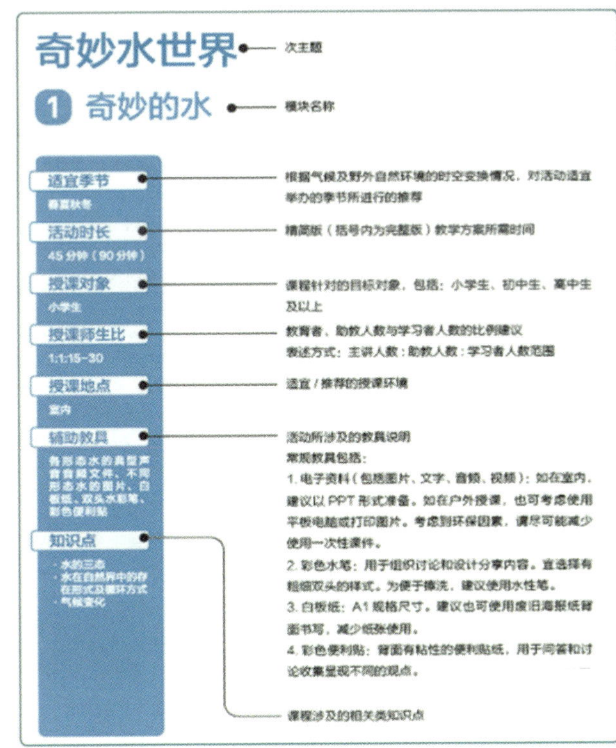

图 5-9　湿地环境教育课程方案设计模版说明
（资料来源：WWF《生机湿地环境教育课程》）

表 5-7 江苏昆山花桥国家湿地公园自然教育课程方案案例（资料来源：江苏昆山花桥国家湿地公园）

A

课程名称	大手牵小手—湿地心体验		
设计者	汤亚平、戴小华、张丽君等		
课程简介	湿地是地球之肾，更是提供生物栖息的住所。我们将透过戏剧、实际下水体验、简易科学调查分类，让大小朋友了解保育湿地的意义与重要性		
课程目标	1. 认识湿地的定义与种类 2. 观察辨识水生植物四大家族 3. 意识到自然河道恢复及保育的重要性		
教学对象	亲子家庭，7—12 岁小学生与家长/10组家庭（二大一小）		
课程时间	2.5 小时		
课程内容			
时 间	单元名称	内 容	教学地点
30 分钟	湿地大观园	通过游戏卡片，分辨属于湿地环境的组成要素，学习湿地的基本概念	百草园
90 分钟	水生科学调查家	穿着下水服，至沟渠内观察水生植物，并利用捞网捕捞水生动物。通过比对生物图鉴，辨认水生动植物	百草园 亲水教学区
30 分钟	小青蛙流浪记	以手偶故事方式，呈现小青蛙流浪在外所遭遇到的危险。并讨论自然河道与硬制驳岸的设置对生物的影响	百草园

B

课程名称	关关雎鸠—湿地鸟调家		
设计者	戴小华、汤亚平、张丽君等		
课程简介	通过学习鸟类基础知识及实地观察等活动，使学生切身体会到栖息地保护对鸟类的重要性		
课程目标	1. 培养青少年对自然的兴趣 2. 提高青少年的动手能力 3. 体验如何为鸟生存提供栖息地 4. 探讨环境与鸟类的关系		
教学对象	小学 5年级—初一学生，1个班约50人		
课程时间	6 小时		
课程内容			
时 间	单元名称	内 容	教学地点
60 分钟	鸟儿身份证	通过道具和小游戏，介绍鸟的基本知识（包括身体构造、食物与嘴、如何做巢、如何飞行等）	自然教育中心
30 分钟	大眼观世界	学习使用双筒和单筒望远镜的方法；辨识常见鸟种；学习鸟类调查方法	自然教育中心旁观鸟区
90 分钟	小小观鸟家	透过交互式的分组观察，记录鸟类的信息（种类数量、嘴型脚型、生境行为）；整理观察结果，评比优胜组	自然教育中心旁观鸟区
60 分钟	午餐		
90 分钟	鸟居建筑师	透过模拟鸟爸妈的身体构造，小组完成制作大型鸟巢；另外为提供鸟类浅滩式的栖息地，实际动手制作生态浮岛，了解生态浮岛的价值	自然教育中心旁空地
30 分钟	守护鸟乐园	通过 PPT 分享，阐述天福湿地在保护环境，保护鸟儿方面的重要工作	自然教育中心

国家湿地公园

宣教指南

第六章 媒体宣教

6.1 概述

设施宣教和人员宣教都以公园的到访游客为主要目标，而若要提升公园的社会影响力，推动更大范围的社会关注和参与支持，应从媒体宣教的角度加以系统设计。

媒体宣教主要包括印刷品、影音媒体、传统媒体和新媒体四大类（参见图 6-1）。其中印刷品是目前最广泛使用的媒体宣教形式，可以直接服务于公园的每一位游客。影音媒体是媒体宣教的一种载体和工具，常常用来辅助其他的媒体宣教或设施宣教。传统媒体中的报纸、杂志等平面媒体比较适合对湿地公园工作进行专题性的报道，而电视广播媒体则可以加入更多主观的引导、点评、分析，加之影音媒体的生动性，更容易为公众所接受。新媒体是近年来颇受好评的媒体形式，更符合大多数人现代生活方式，其内容精练，主题鲜明，互动性强，并带有各种服务功能，是媒体宣教的新趋势。

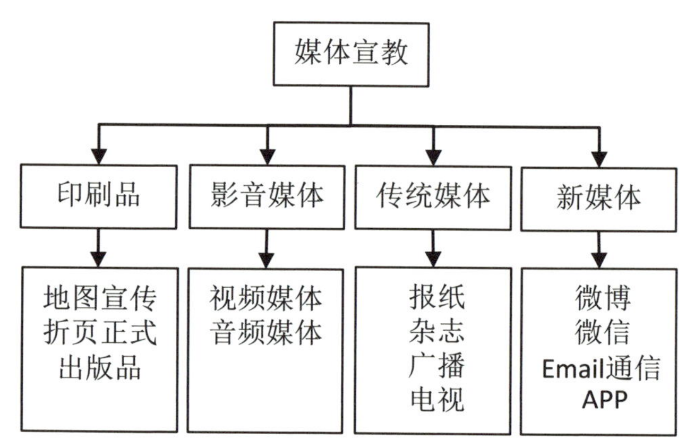

图 6-1　媒体宣教的主要类型

6.1.1 印刷品

印刷品因为其制作周期短、传播面广、更新迅速等特点，是湿地公园目前最广泛使用的媒体宣教形式。根据不同的使用目的，湿地公园的宣教印刷品可以分为普通印刷品与正式出版物两类：

图 6-2　中国台北关渡自然公园的自然装置艺术季海报
© 中国台北关渡自然公园

6.1.1.1 普通印刷品

包括公园的导览地图、宣传折页、宣传海报、宣传画册等各种非正式出版的印刷品，也包括挂历、台历、明信片等延伸的宣教产品。它们共同构成了公园媒体宣教最基础也被最普遍应用的传播方式。

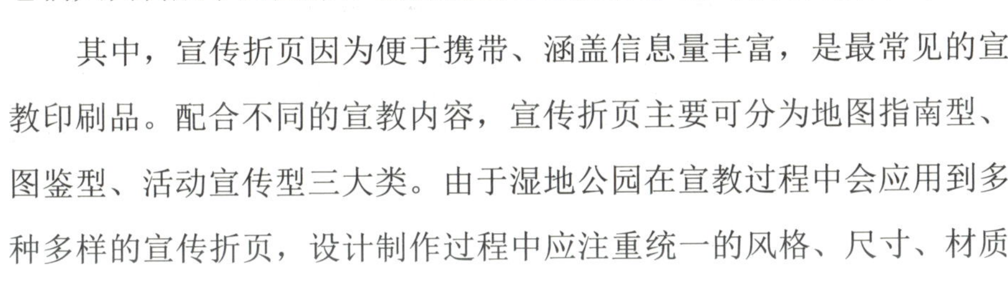

其中，宣传折页因为便于携带、涵盖信息量丰富，是最常见的宣教印刷品。配合不同的宣教内容，宣传折页主要可分为地图指南型、图鉴型、活动宣传型三大类。由于湿地公园在宣教过程中会应用到多种多样的宣传折页，设计制作过程中应注重统一的风格、尺寸、材质及版面形式，形成系列化的设计。

近年来，随着湿地公园宣教活动的丰富，对于能突显公园宣教主题和风格的活动宣传海报等特色印刷品，湿地公园应进一步加强重视（案例参见图 6-2）。

6.1.1.2 正式出版品

对于湿地公园湿地保护和恢复成效、经营和管理理念方法、经验、科研监测的成果等具有特殊宣传教育价值的原创性内容，通过正式编印出版的方式进行更为深化和广泛的专业化传播。通常来说，湿地公园正式出版品的类型可包括：生物图鉴、专题丛书、主题画册、科研成果及相关的交流期刊（案例参见图 6-3）。

需要指出的是，对湿地公园来说，优秀的正式出版物是其对自身

图 6-3 部分国家湿地公园出版的图鉴、画册、期刊等正式出版品

宣教资源进行深度挖掘和长期积累的产物，其制作与发行应该在明确主题与目标的前提下统一规划、逐步推进。

6.1.2 影音媒体

影音媒体是指通过多媒体的方式录制主题化的介绍视频、音频，创作乐曲等，从而生动而感性地解说湿地公园的特色和价值。作为媒体宣教的一种载体和工具，影音媒体使用非常灵活，往往与其他的媒体宣教或设施宣教结合。例如，既可以用于公园特定宣教场所（如公园入口处广场、宣教馆内多媒体室等场所）的循环播放，也可以借助电视、广播和新媒体等平台，向更大范围的社会公众进行宣传推广。

一部优秀的影音媒体能借助主题化的讲述和艺术化的感染力增强宣教的效果。对湿地公园来说，影音媒体的制作离不开优秀的拍摄脚本、丰富的制作素材和生动的剪辑。

6.1.2.1 视频媒体

指通过视频记录并加以艺术化处理、加工、剪辑而形成的视频宣教素材，如物种行为视频记录、微电影、宣传片、纪录片等。常用于公园主要宣教场馆内向公众播放，也可借助电视媒体或新媒体加以传播（案例参见图 6-4）。

© 浙江西溪国家湿地公园

图 6-4 杭州西溪国家湿地公园拍摄的系列宣传片之一

© 上海炮台湾国家湿地公园

图 6-5 上海炮台湾国家湿地公园内的长江河口科技馆中的展示配合播放自然音，使展示更为栩栩如生，令游客如身临河口湿地的真实环境

6.1.2.2 音频媒体

只通过音频记录并加以艺术化处理而形成的音频宣教素材，如自然音频（鸟鸣、虫鸣、水声等）的合辑、人文音频（如方言中与湿地相关的内容等），常用于宣教场馆中配合图片、解说标识标牌、印刷品或出版物，综合呈现更为完整的宣教资源（案例参见图 6-5）。

6.1.3 传统媒体

传统媒体是湿地公园宣教工作走出公园、面向社会的重要方式。其中，传统媒体中的报纸、观点引导、点评、分析，加之影音媒体的生动性，更容易为公众所接受。

6.1.3.1 报纸杂志等平面媒体

传统媒体中的平面媒体，提供图文配合的专题报道或广告式的传播，宣教对象范围广，数量大，影响力较高。对湿地公园来说，地方媒体和区域性、全国性的媒体同样重要，湿地公园很多程度上服务于本地居民，充分利用地方的平面媒体的传播平台，加强湿地公园在保育、宣教和游憩各方面与本地居民的联系。

湿地公园的宣教部门在日常运营中应注意对平面媒体报道资料的收集整理，并建立相应的数据资料库。

6.1.3.2 广播、电视媒体

广播、电视媒体是传统媒体中传播最广泛的形式，可以为湿地公园制作专题化的影音媒体报道或广告式的传播，宣教对象范围广、数量大、影响力高。

湿地公园通常拥有区域内独特的自然与人文资源，通过与广播、电视媒体合作，设计并制作主题性、系列性的高品质湿地宣教节目，是宣传范围、效果都非常突出的形式。例如，国家林业局和中央电视台合作的《美丽中国湿地行》系列报道，

为普通公众了解中国湿地保护现状，展现中国最有代表性湿地的特色和价值，发挥了非常重要的作用。

6.1.4　新媒体

新媒体是近年来颇受好评的媒体形式，更符合大多数人现代生活方式，其内容精练，主题鲜明，互动性强，并可以整合各种服务功能，是媒体宣教的新趋势（案例参见图 6-6）。具体包括：

6.1.4.1　网站

湿地公园的自有网站，或下设在当地林业局等相关部门下的专题网页。对湿地公园进行系统全面的介绍，图文并茂。

6.1.4.2　微博、微信

湿地公园所开设的微博或微信公众号，用符合现代人阅读和社交习惯的简短图文方式结合影音媒体，生动介绍湿地公园的相关信息，特别是具有时效性的活动信息和相关资讯。用户一旦关注，可以建立较长时间的粘黏性，可以提供长期有规律的宣教服务。

6.1.4.3　E—mail 会员通信

对于通过上述媒体平台注册的会员，提供定期的通讯服务。考虑环保和节约纸张和邮费的要求，建议采用电子邮件形式发送。

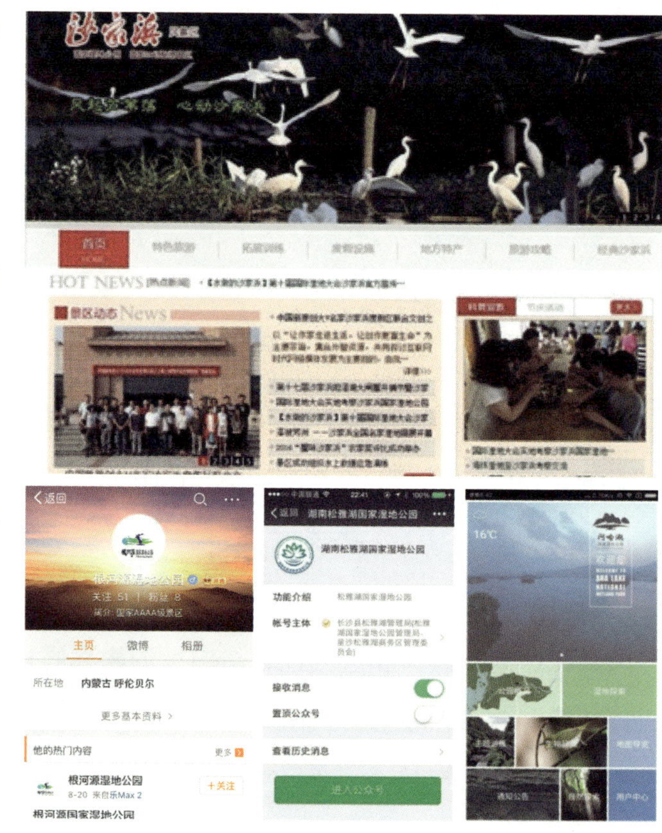

图 6-6　近年来，网站、微薄、微信和移动端 APP 以及 E—mail 会员通信等新媒体成为国家湿地公园开展宣教工作的新阵地
（上：© 苏州沙家浜国家湿地公园的门户宣传网站；下左：© 内蒙古根河源湿地公园的官方微博账号；下中：© 湖南松雅湖国家湿地公园的微信账号；下右：© 贵州贵阳阿哈湖国家湿地公园生态导览 APP）

6.1.4.4 APP

将上述各种媒体宣教和公园服务功能整合到一个独立的手机应用程序中，提供公园基本信息、近期活动咨询等服务，还可作为游客自行游览公园的自导式服务媒体，结合公园解说标识标牌的编号或二维码设置，方便游客自行获得所需要的解说服务。

6.2 印刷品的设计

湿地公园的印刷品制作因为设计者、印刷数量、批次的不同，常常出现各种材质、尺寸和设计风格的差异。在湿地公园的印刷品设计中，主要应对普通印刷品的设计进行规范化管理。正式出版物的设计和内容参照出版行业的相关规范执行。

6.2.1 印刷品的标准化设计

6.2.1.1 材质

湿地公园的宣教应该一以贯之地体现绿色环保的理念。因为纸张的生产需要消耗森林资源，且生产过程中也会产生一定的环境问题，湿地公园在制作宣教印刷品时应该尽可能选择环保的纸质材料，具体包括：

（1）经过 FSC 认证的纸张

FSC（Forest Stewardship Council 国际性非政府组织森林管理委员会）, 是全球公认的森林保护和森林资源可持续利用的权威机构。FSC 通过制定森林良好经营的标准和木材加工的产销监管链标准，来追踪木制品从森林到消费者的整个过程，从而可以控制木材的合法及可持续来源。经过 FSC 认证的纸张，可以确保其原料是来自于可持续发展的、合法的且允许采伐的森林资源，不会因为该纸张的生产而造成自然环境的破坏。

任何 FSC 认证公司所提供的认证纸张都有其认证编号，可以通过 FSC 官网（http://info.fsc.org/）进行查验。

（2）环保纸或可再生纸

如果 FSC 纸难以获得，则可以以其他类型环保纸或以回收材料制成的再生纸加以替代。目前国内大部分纸张供应商都可以提供这类纸张，请明确要求供应商提供相关的认证或标准资质。

（3）常规印刷用纸

由于环保纸的颜色比较自然，对印刷精细图片的色彩还原度会略有差异。在特定需求情况下，如制作印刷品封面，图鉴等需要随身携带频繁使用的印刷品，挂历、台历等会被反复翻看的文创类印刷品等，可以选择传统的常规用纸，具体包括：铜版纸、哑粉纸、双胶纸等。其特点及差异比较如下：

- 铜版纸：纸面平滑，色彩鲜艳，亮度较高，硬度挺度相对其他纸张较好。
- 哑粉纸：表面经过哑光处理，印刷色彩不及铜版纸光亮鲜艳，但图案更细腻，纸张本身不易变形。
- 双胶纸：对油墨的吸收性均匀、平滑度好，质地紧密不透明，抗水性能强。印刷画面与铜版纸相比要稍差一些，但成本较低。

（4）油墨

除了纸张选择应尽可能环保绿色之外，可选择大豆油墨等相较于传统油墨对人体健康和环境均更为有利的印刷油墨。

此外，湿地公园的印刷品如果选用了环保材质或印刷工艺，应在印刷品上明显位置处标明，这也是对读者的一种宣传教育（见图 6-7）。

图 6-7　世界自然基金会（WWF）的印刷品大都采用 FSC 纸张印刷，并会在书本封底等醒目处注明

6.2.1.2 尺寸

印刷品形状各异，看似多元丰富，但实际上却为印刷品的整理、归档、发布、存储等带来很多问题。特别对于游客来说，一次性获取各种形状、尺寸的宣传品，会成为整理收纳的难题，很多人因此在短暂阅读之后就丢弃了这些印刷品，造成极大的资源浪费。

本指南建议湿地公园对宣教印刷品的尺寸进行标准化设计，确保所有印刷品（如地图、图鉴、活动折页等）的成品折叠后的尺寸完全统一。一般来说，为方便游客在游憩过程中阅读和资料的整理收藏，建议以 A4 纸张为基本尺寸，按照 1×3 折后的尺寸制作。此外，尽可能减少异形纸的设计，减少宣传品制作过程中剪裁纸张造成的浪费。

以下是几种基本印刷品的常用尺寸和折叠方式（见图 6-8）：

（1） 地图指南型

通常选择 A3 尺寸纸张，折叠方式为 2×3 折（见图 6-8 左），或根据具体情况需要按此尺寸加倍或减半。

（2）图鉴介绍型

通常选择 A4 尺寸纸张，折叠方式为 1×3 折（见图 6-8 右上）。

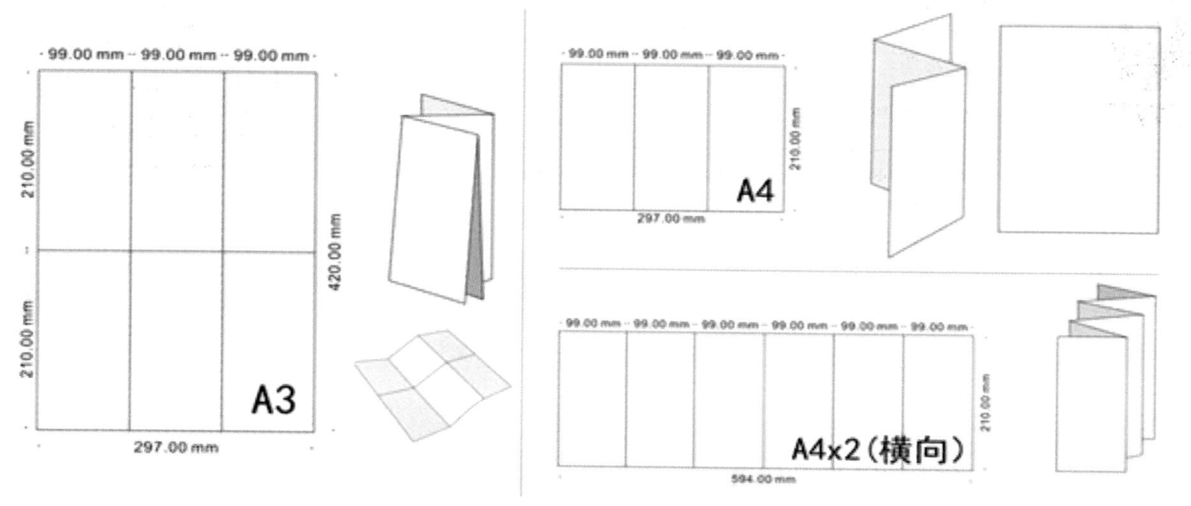

图 6-8　印刷品尺寸和折叠方式的标准化设计

如内容较多，可设计成宣传册。尺寸保持和 A4 纸三折后的尺寸一致。

如为单页型，且平时需要反复取放和使用，可保持 A4 尺寸不折叠，并通过塑封等方式增强其耐用性。

（3）活动宣传型

为方便阅读，通常设计成横向折叠式，基础尺寸为A4的一半，折叠方式为横向1×3折，1×6折，或根据实际情况加倍（见图 6-8 右下）。如内容较多，可设计成宣传册。尺寸保持和 A4 纸三折后的尺寸一致。

6.2.1.3 系列出版品设计

专题化设计：如针对公园的鸟类、植物、昆虫、动物等各设计一套图鉴。

系列化设计：在专题化的基础上，经过若干年积累，形成湿地公园的系列宣教材料，内容不仅局限于专题话的内容，也包括活动通信、年报。

6.2.2 印刷品的版式和内容设计

本节主要对地图指南型印刷品和图鉴类印刷品的设计加以说明。活动宣传型的印刷品形式和内容均较为多元，可参照这两种灵活调整。

对于地图、图鉴和活动类印刷品，基本版式建议和案例参考专栏 6-1。

专栏 6-1 国家湿地公园常见的印刷品版式和内容设计

图鉴型印刷品

版式通常分以下三种：
1. 图卡型：一页很多物种，以照片加物种名的图卡形式，最实用
2. 主题型：一页若干同一主题的相关物种，进行图文编排
3. 图鉴型：一页一个物种的专业介绍，应用场景更广泛，可以与标识标牌、印刷品、衍生品结合

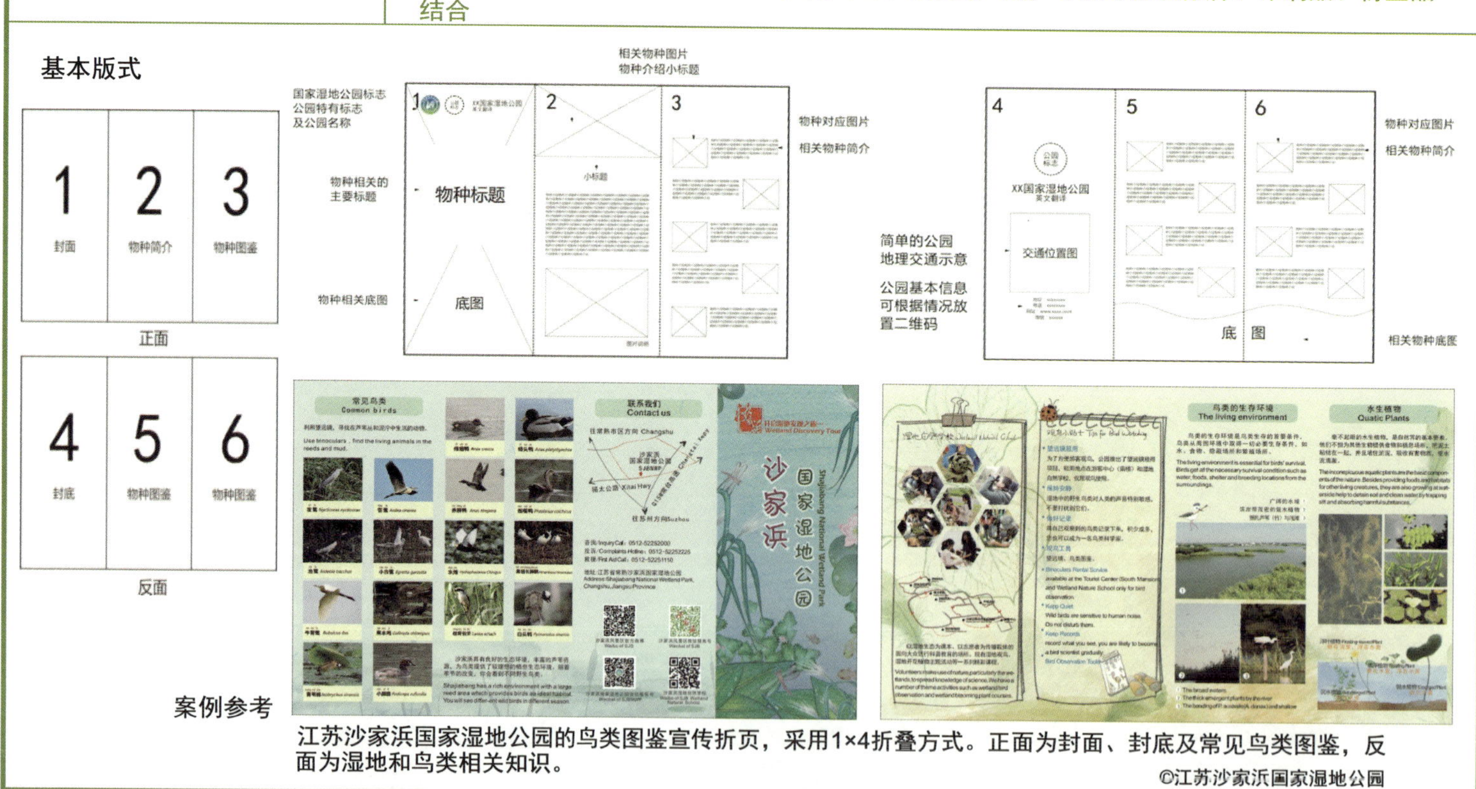

江苏沙家浜国家湿地公园的鸟类图鉴宣传折页，采用1×4折叠方式。正面为封面、封底及常见鸟类图鉴，反面为湿地和鸟类相关知识。

©江苏沙家浜国家湿地公园

续

图鉴型印刷品

版式通常分以下三种：

1. 图卡型：一页很多物种，以照片加物种名的图卡形式，最实用
2. 主题型：一页若干同一主题的相关物种，进行图文编排
3. 图鉴型：一页一个物种的专业介绍，应用场景更广泛，可以与标识标牌、印刷品、衍生品结合

基本版式

正面

4 封底　5 物种图鉴　6 物种图鉴

反面

国家湿地公园标志
公园特有标志
及公园名称

物种相关的
主要标题

物种相关底图

相关物种图片
物种介绍小标题

1　2　3

物种标题

小标题

底图

物种对应图片

相关物种简介

简单的公园
地理交通示意

公园基本信息
可根据情况放
置二维码

4　5　6

公园标志

XX国家湿地公园

交通位置图

底　图

物种对应图片

相关物种简介

相关物种底图

案例参考

- 陕西嘉陵江国家湿地公园的野生动物图鉴宣传折页，正面为封面、封底及常见野生动物和鸟类图鉴，以及关于野生动物保护的法律法规节选。
- 采用1×6折叠方式，方便携带。

©陕西嘉陵江国家湿地公园

续

图鉴型印刷品	版式通常分以下三种： 1. 图卡型：一页很多物种，以照片加物种名的图卡形式，最实用 2. 主题型：一页若干同一主题的相关物种，进行图文编排 3. 图鉴型：一页一个物种的专业介绍，应用场景更广泛，可以与标识标牌、印刷品、衍生品结合

案例参考：苏州湿地野花图鉴

苏州湿地保护管理站制作的苏州四季野花图鉴，是一份以四季变化为线索制作的折页型图鉴。图鉴对每种野花的介绍以标准图卡的形式，从所属科、花瓣数、花色、开花期等角度进行介绍，为大众提供了一份便捷有效的野花认知指南。

续

活动宣传型印刷品	用于湿地公园活动资讯及成果的介绍，适当结合活动主题介绍公园的相关资源

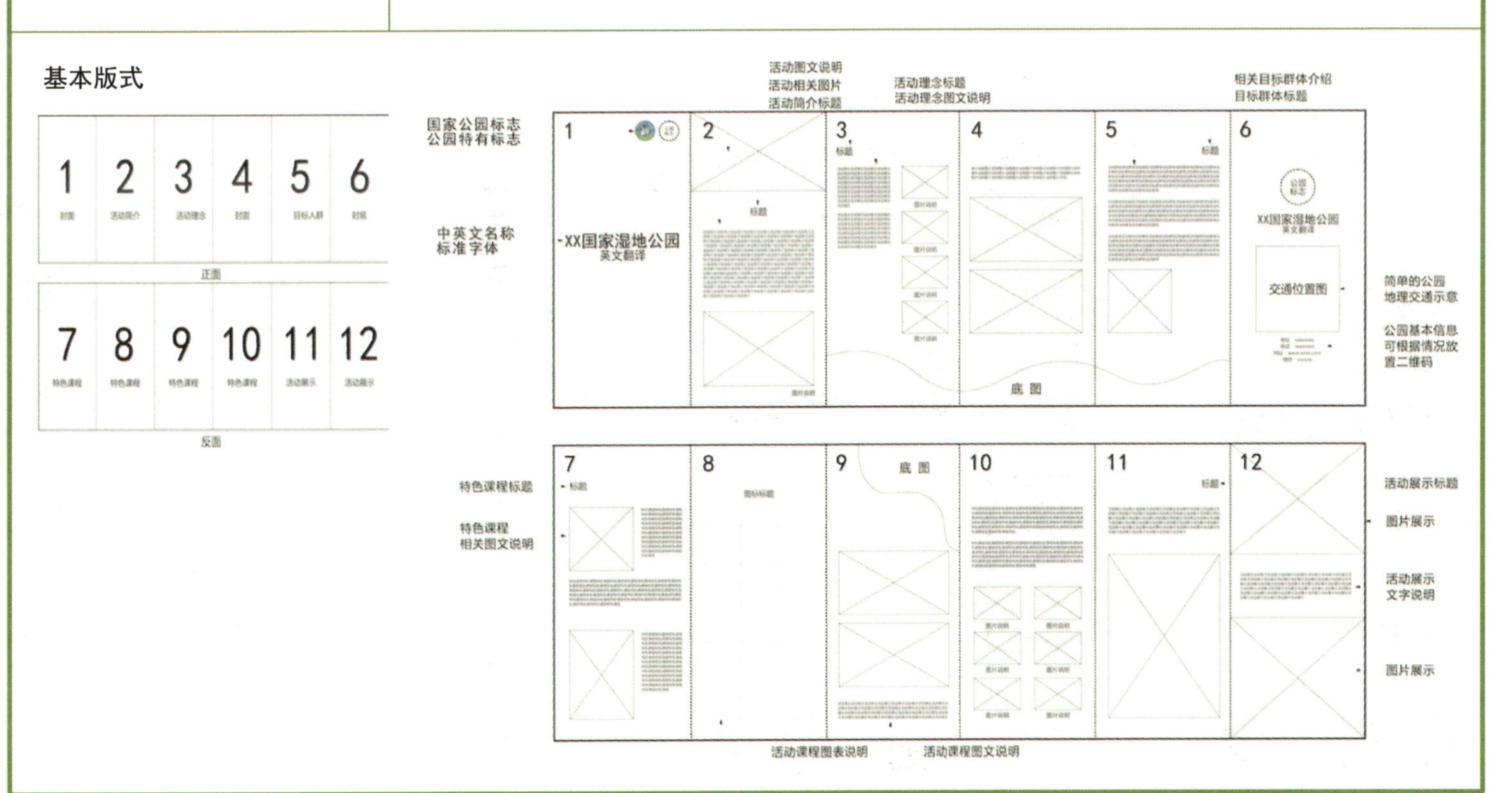

续

活动宣传型印刷品	用于湿地公园活动资讯及成果的介绍，适当结合活动主题介绍公园的相关资源

案例参考：杭州西溪国家湿地公园系列宣传折页

正面

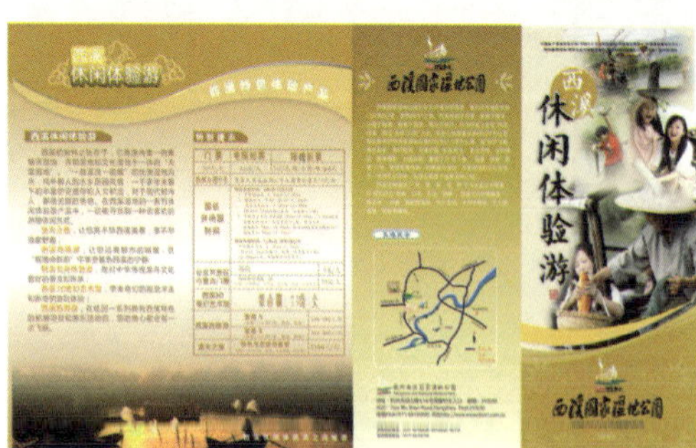

反面

- 此套折页根据西溪湿地科普宣教和生态旅游工作的特点进行主题化设计，包含自然、人文、健身等主题。
- 折页采用系统化的配色方案和统一的版式设计：正面为介绍内容，反面为通用版的公园地图。
- 所有折页采用1×4的折叠样式。

续

活动宣传型印刷品	用于湿地公园活动资讯及成果的介绍，适当结合活动主题介绍公园的相关资源

案例参考：对于活动宣传型印刷品，除了折页型，适于在不同场合张贴宣传的活动海报也是重要的形式

中国台北关渡自然公园国际自然装置艺术季宣传海报用手绘鸟类凸显湿地生境。
©中国台北关渡自然公园

WWF（世界自然基金会）全球性环保公益节日“地球一小时”的宣传海报。
©WWF全球性环保公益节日“地球一小时”的宣传海报

续

活动宣传型印刷品	用于湿地公园活动资讯及成果的介绍，适当结合活动主题介绍公园的相关资源

案例参考：中国台湾林业主题的八个自然中心定期出版的通信宣传品

- 中国台湾林业主题自然中心共有八个，分布在北中南东西的各个林区。
- 所有自然中心都有专业的环境教育团队，并定期出版各中心的活动通信宣传品（册）。
- 所有中心的宣传册采用统一的版式设计，但封面图案、字体、配色、内容均可有个性化的设计。

资料来源©中国台湾“环境教育学会”

6.3 影音媒体的设计和制作

应尽可能收集第一手湿地公园现场获得的，能表现湿地公园宣教主题和特色资源的视频和音频素材，如独特的物种视频及音频记录，特殊时空条件下的环境音（如潮汐声、溪流声、冰封解冻声、鸟鸣声等），经过剪辑和处理加以利用。

湿地公园应尽可能采用生动的影音媒体形式设计宣教素材。影音媒体宣教的对象是湿地公园的公众，其设计的目的是通过更为有效的宣教形式实现更好的宣教效果（案例参见图 6-9）。

不鼓励湿地公园为了申请试点、验收拍摄工作报告视频。

图 6-9　中国台湾阳明山案例影音宣传品系列（资料来源：中国台湾阳明山公园官网）

6.4 大众媒体在湿地公园宣教中的运用

报纸杂志等平面媒体以及广播、电视媒体是湿地公园宣传主要的传统大众媒体渠道。

围绕湿地公园宣教内容的主要类型，大众媒体的报道内容可以分为重要活

34/35
春雨不减观展热

海珠湿地奏起"森林音乐会"

82/83
400人骑行海珠湖为困境儿童募捐

带着设计的眼光，海珠湖公园"逛"出新意思

图 6-10　广东广州海珠国家湿地公园依托大众媒体开展的宣教工作

动报道，公益活动报道，主题活动报道和日常报道等类型，对于建立公园品牌，开展大众宣教具有重要的意义。

根据大众媒体的类型不同，可分为国家级大众媒体、省级大众媒体、地方大众媒体以及公园自主大众媒体等（案例参见图 6-10）。

平面媒体的主题内容报道要注意以下原则：

- 考虑不同媒体的主要受众群体；
- 媒体报道主题要有系统策划和统筹，并做好分类归档整理工作；
- 有能力的湿地公园建议推出公园自主品牌杂志媒体。

6.5 新媒体在湿地公园宣教中的运用

6.5.1 网站

网站平台是综合性的信息化媒体，不仅系统宣传公园品牌，介绍湿地生态资源，也为公园和公众建立联系搭建了渠道，并成为环境教育活动发布，公园导览、资源介绍、宣教社区交流等各类媒介和信息的综合载体（案例参见图 6-11、图 6-12）。

此外，网站也可以结合智慧湿地公园的建设，在公园生态资源数据中心建设的基础上，成为公园生态监测、生态监管、公园运营等综合信息化服务平台。

图 6-11　湿地中国的网站首页及主要功能模块

图 6-12　香港湿地公园的网站首页

通常来说，湿地公园网站主要包含以下几个基本功能和内容：

- 湿地公园概况介绍；
- 湿地公园生物多样性资源；
- 湿地公园宣教新闻动态；
- 湿地管理机构和职责；
- 环境教育活动发布；
- 湿地公园宣教产品；
- 相关旅游信息咨询。

图 6-13　WWF（世界自然基金会）熊猫自然学堂微信公众号

注：下设三个功能版块：熊猫堂、他山石、起而行，分别介绍机构动态、行业案例和参与机会

6.5.2　微信和微博

随着移动互联网的发展，湿地公园微信和微博公众号是目前湿地公园宣教重要的新媒体渠道，通过建立公园粉丝群，一方面有效地介绍湿地公园的咨询、旅游信息、活动发布以及生物多样性资源等，另一方面基于公众微信和微博舆情分析，更好地优化公园湿地管理和运营（见图 6-13）。目前，微信和微博主要功能如下：

- 湿地公园介绍

介绍湿地公园的总体情况、主要景观资源的图片及语音介绍、实景浏览，同时通过视频分享可观赏到湿地的宣传视频、相关的新闻媒体报道，掌握湿地公园最新动态。游客还能将湿地旅游资讯分享到朋友圈、QQ 空间及相关微博平台。

- 湿地公园导览

通过本栏目游客可直接购买湿地公园微信优惠票，领取电子版手绘地图方便畅游湿地，游客根据“交通指南”及“周边推荐”选择最合适快捷的交通方式及寻找周边合适的酒店及餐饮场所。

- 科普教育

游客通过本栏目不仅可以了解到湿地公园科普教育活动的最新资讯，还能报名参加开展的各式活动课程，积极参与到自然体验当中，通过湿地百科、科普宣教等专栏增强对科普教育的认识。

6.5.3 APP

APP 智能手机应用软件作为移动端的重要载体，目前已经被广泛应用于湿地公园的科普宣教和生态旅游（案例见专栏 6-2、专栏 6-3），主要功能和内容包括：

- 湿地公园基础咨询介绍；
- 基于 GIS 的地图导览服务；
- 自导式解说资源介绍和和查询；
- 特色解说教育活动的发布和报名；
- 公园相关咨询和旅游产品服务信息；
- 特色化宣教游戏互动体验；
- 游客个人信息的管理。

APP 作为宣教媒介的优势在于：

- 基于位置服务的自导式解说媒体；
- 贯穿于游客参访的全过程服务，包含游前目的地规划—游中宣教和生态旅游体验和导览服务—游后个人信息的分享和发布；
- 可以和场馆解说、标识标牌解说等其他媒介灵活互动整合，形成丰富的解说体验。

专栏 6-2　绿游香港自导式环境解说 APP

绿游香港自导式环境解说APP

“绿游香港”是由香港民间环保团体长春社设计并发布的自导式环境解说APP。其设计以提升香港岛及南丫岛的生态保育和可持续发展，向公众进行自然遗产资源和环境教育，培养公众环境友善的旅游行为为目的。软件中共包含 8条生态文物步道的自导式解说内容，并沿各条自导式步道设置解说标识标牌，使游客可以通过使用APP结合现场的户外设施进行自导式游览。

专栏 6-3　瑞士 Champlönch 国家公园的移动端 APP 导览应用

附录

附录 1　标识标牌分类及应用概述表

分类	简介	设立位置	设计注意事项	对应页码
标志性标识：对湿地公园宣教主题和特色提炼和演绎出的便于识别、理解、生动形象且易于引起关注的符号性标识，是公园宣教特色的体现				P43
标志性符号	对湿地公园主题和特色抽象性和概括性设计形成的，带有一定的象征意义符号性 Logo 图标	普遍应用于所有标识标牌系统的模板设计，以及公园主要功能设施和工作人员统一服装等设计中，以自然烘托国家湿地公园的整体氛围	清晰传递该湿地公园的主题和特色，形式简洁、视觉效果清晰强烈	P43
标志性展示（非必需）	对标志性符号，或湿地公园主题特色的进一步艺术演绎，可以以平面、立体等各种造型艺术的形式呈现，以突出视觉的冲击力和感染力	设立于公园主要入口、广场或游客中心等关键目的地，或通往公园的主要交通干道车程 5 ～ 10min 使游客在最短时间内，心生抵达感或地域感	设计应强调个性化和在地化， 制作上优先选择当地原料和传统制造工艺和建筑风格，避免片面追求形式上的夸张和奢华	P44
公告性标识标牌：为辅助公园日常管理，公告相关法律法规和制度规范、并规范游客参访行为的标识标牌。一般常见有公告、提醒、禁止、警示等功能。内容通常简单明晰，多用醒目的色彩、易懂的符号、不需要太多趣味性设计，是公园宣教管理水平的体现				P45
公园范围界线标识标牌	对公园的范围、界限所设立的标识，以提醒游客所在的区域的属性及是否可进入的区域	设立于公园的出入口和主要功能分区的出入口、主要边界、需提醒游客不能进入的区域边界或与步道交界区域。在游客经常到达的边界段可适当增加布设密度（如每隔 200m）设立界桩标识	造型、版面等形式上无须特殊设计，简洁清晰即可。材质需耐用、易于获得且价格合理。	P46
规范制度标识标牌	对湿地公园建设管理有重要指导意义的相关法律法规和规章制度的公告，以提醒游客关注和遵守，并强化相关管理要求	设立于科普宣教区和管理服务区的出入口广场或游客必达区域	相关内容不宜演绎，应引用原文的相关条款，并标明援引出处。形式也以简洁、清晰为宜	P47
游客行为提示标识标牌——不可进入范围公告	提示游客不可进入的区域范围、时间和管理要求，对于特别敏感区域可注明违规的可能后果以加强警示性	设立于不可进入区域（如湿地保育区、恢复重建项目工程区、规划设计或后期发展备用地、办公区等）出入口	标识应明确具体区域名称、位置和范围；阶段性的管理区域应标注禁止进入的时限	P48

续

分类	简介	设立位置	设计注意事项	对应页码
游客行为提示标识标牌——遵规守纪提醒公告	遵规守纪提醒标识：提示游客在公园内应爱护湿地环境和动植物、保护公物和文物，对于特别敏感区域可注明违规的可能后果以加强警示性。也可加入爱护动物或鼓励参与有关保护行动的提示信息	设立于在合理利用区和宣教展示区游客可达区域内鸟类等动物栖息地、湿地原生生境植被繁育区、恢复重建区域、文物、古建筑等地段，以及各类宣教场所等游客可能聚集的区域	语气应以友善、认真的提醒、提示、鼓励为主，内容应简洁清晰，不需要过多的渲染设计	P49—50
游客行为提示标识标牌——安全风险警示公告	关于安全注意事项的警示和提醒标识，阐明所存在的风险并提供必要的避险建议	设立在可能存在安全风险的游客可达区域，特别是在特殊季节有滑坡或落石路段、环山路或深水区步道、野生动物出没区等存在潜在危险地设置	语气应以准确、严谨的提醒和警示为主，内容应简洁清晰，不需要过多的渲染设计	P51—52
指示性标识标牌：提供游客必要的交通、后勤、宣教活动等服务信息指示和引导的标识标牌，是公园宣教服务水平的体现				P54
服务引导标识	公园向公众提供基本公共服务的场所方位和功能的相关标识	设立在游客服务中心及相关服务点（如售票处、检票处、问询处、卫生间、失物招领、物品寄存、广播服务、医务室、休息区等）；宣教设施位置标识，如宣教展馆、多媒体放映室、宣教长廊、自然教室等；其他服务标识，如购物区、餐饮区、住宿点等	一般以标识符号配合简单文字形式呈现，在相关设施入口处设置	P54
外部交通引导标识	为如何通过外部交通系统抵达湿地公园提供道路编码、方向、距离、位置等信息的标识	设立在高速公路沿线及到达公园最近的下匝道口前、到达公园主要道路沿线和交叉路口、公园入口处的停车场、交通接驳点等地	内容按国家标准《国家道路交通标牌、标识、标志、标线设置规范及验收标准》执行	P55
内部交通车行系统引导标识	交通接驳车或机动车（如有允许）站点、行使方向和路线、班次信息、与沿线景点关系等信息的标识	设立在湿地公园出入口、交通接驳车或机动车（如有允许）沿线，包括起始及中途站点、交叉路口、停车场、无障碍通道等地	一般以标识符号配合地点名称、距离、目的地等简洁文字的形式呈现，准确表述方向、距离、游线等信息	P56
内部交通步行系统引导标识	湿地公园内部步行系统位置、距离、方向、路线、开放时间（如有）、与沿线景观、资源关系等信息的标识	设立在湿地公园主要游步道起点、沿途、目的地、交叉路口、无障碍通道等地。标识的设立应与游客移动方向垂直，以使游客可以正面快速有效阅读信息	一般以标识符号配合地点名称、距离、目的地等简洁文字形式呈现，准确表述方向、距离、游线等信息。对于区域面积较大或有海拔高程差的公园，宜增加海拔、经纬度，或通过编号定位方式明确标识位置	P57—58
解说性标识标牌：基于公园宣教主题设计，根据参访对象，参访目标、参访时间、所在环境等因素，有针对性设计的用于解说和宣传湿地知识、湿地资源、湿地保护与恢复、湿地公园建设与管理、湿地文化等内容的标识标牌。解说性标识牌是湿地公园宣教专业水平的体现				P59

续

分类	简介	设立位置	设计注意事项	对应页码
单体资源型解说标识标牌——生物资源	在湿地公园宣教资源清单中针对某一单体生物资源进行解说的标识标牌，包括但不限于：湿地定义类型、结构、功能、景观等基础知识、生物多样性（鸟类、植物、昆虫、兽类等）等	湿地知识和植物类标识应设立于可以直接观察到解说对象的位置；动物类标识应设立在有较高频率观察到该物种的位置，如与该物种栖息地或典型生物学行为相关的地点	应包括该物种在形态、习性、适宜生境、与其他物种关系或在生态系统中的独特生态位等识别性特点介绍，辅助观察的配图。也可介绍经济价值，人类或生物如何保护、利用该物种的案例	P59—62
单体资源型解说标识标牌——非生物自然资源	在湿地公园宣教资源清单中针对某一单体非生物自然资源进行解说的标识标牌，包括但不限于：湿地水文、地形地貌、气候等	应设立于视野较为开阔、能较为完整观察到该水文、地质或气候资源的位置	应包括与湿地生态、功能、景观相关的水文信息、地质地貌的类型和形成原因 、气候特点等信息	P63—64
基于资源共性的主题型解说标识标牌	对于一系列具有特征共性的解说资源设计的复合型标识标牌，如同一类，或具有共同生物学特征的植物、动物等	应设立于能直接观察或具有较高频率观察到标识标牌介绍的主题内容的位置	不需要对每一个单一资源进行面面俱到的介绍，而应该突出所有资源间的共性。可适当突出其中一种最有代表性的资源以系统介绍该知识点	P65
基于生态系统的主题型解说标识标牌	以生态系统为基础，介绍其中具有相关性的物种、种间关系或系统结构和功能等知识的复合型的标识标牌，如食物链关系、共生关系、竞争关系等	应设立于能直接观察或具有较高频率观察到标识标牌介绍的主题内容的位置	不需要对每一个单一资源进行面面俱到的介绍，而应该突出所有资源间的相互关系。可适当突出其中一种最有代表性或独特性的资源以系统介绍该知识点。比如，食物链的顶级生物、某种昆虫的寄主植物等	P66—68
基于管理策略的主题型解说标识标牌	介绍湿地保护和恢复等管理策略的流程、原理、成效等内容的复合型的标识标牌，如某种湿地功能的图解、湿地保护或修复项目的技术路线、保护成效对比等	应设立于能直接观察到标识标牌介绍的项目点或示范项目所在地，以使游客可以直观感受和理解相关内容	科学性强、内容较为复杂，应在确保科学严谨的基础上，尽可能使用手绘插图、流程图、原理图等方式予以更为清晰、直观、生动的解释	P69—72
基于湿地文化的主题型解说标识标牌	介绍与湿地知识、保护、恢复、管理相关的湿地文化的复合型的标识标牌，如与湿地保护和合理利用相关的历史事件、传统习俗，与湿地和水资源保护相关的风俗文化等	应设立于能直接观察到与标识标牌所介绍的湿地文化相关的素材和实物所在位置，或历史遗迹地	湿地文化类标识标牌的设计宜图文并茂，生动阐释相关信息，但应易于理解，并蕴含与湿地保护相关的深意	P73—74
综合型解说标识标牌——公园总体导览解说	完整介绍公园概况、全景游览地图、主要景点和游线系统、相关服务信息等内容的综合性标牌	应设立于公园入口、中心广场、交通枢纽点、游客中心等核心设施入口处等游客容易聚集，可辅助游客进一步规划参访行程的位置	文字介绍应有概括性但突出主题和特色。地图应强调游客使用的友好性	P75—79

续

分类	简介	设立位置	设计注意事项	对应页码
主题系列型解说标识标牌——游线介绍（步道起点）	介绍某一条游线的主题、路线、走向、距离、沿途主要资源、相关服务信息的综合性标牌	一般设立于相关游线的步道起点	文字介绍应有概括性但突出主题和特色。地图应突出游线相关信息，并强调游客使用的友好性	P80—82
主题系列型解说标识标牌——景观资源介绍（步道终点）	介绍公园主要景观资源的主题、特色、游览建议、相关服务信息的综合性标牌	应设立于主要景观资源的所在地，特别是相关游线的终点、观景平台等	文字介绍应有概括性但突出主题和特色，并附有典型性和视觉冲击力的配图	P83—84

附录 2　宣教场所分类及应用概述表

场所分类		简介	主要宣教方式	优势	挑战	对应页码
综合性宣教展示场馆	游客中心附带湿地宣教展示区	在湿地公园的游客中心、服务中心或其他相关综合性服务设施中专门划出的一块开展主题化湿地公园科普宣教服务的区域	室内展示（实物 + 解说标识标牌）人员宣教（导览解说）媒体宣教（多媒体影音等）自导式参访	游客量大，游客覆盖范围广；建在游客中心内，可节约建设成本，并获得日常运营管理等行政支持；湿地公园主题突出鲜明；可配合游客中心其他功能提供综合服务	游客类型和游览目的多元、较难精准服务；空间、展示设计需服务于游客中心的整体设计；内容一旦确定，较难修改；科普宣教主题可能淹没在其他游客中心服务设施中	P97
	独立性湿地科普宣教场馆（非必需，有条件的公园可尝试）	在湿地公园内独立建设、设计并运营管理的湿地主题科普宣教场馆	室内展示（实物 + 解说标识标牌）人员宣教（导览解说、教育活动）媒体宣教（多媒体影音、宣传片、纪录片等）自导式参访	湿地公园科普宣教主题突出鲜明；可以从建筑到内部空间和布展独立、完整、系统的设计整个湿地公园的室内宣教展示方案，不受过多其他因素的干扰；游客的兴趣和游览目的相对比较清晰，较易提供精准服务；适宜开展针对不同人群、宣教目标的专题化宣教活动	投资建设成本巨大；独立运营管理的人力和经济成本都很高；设计和建设需充分和公园的步道系统、交通服务系统等沟通；内容一旦确定，较难修改；游客数量主要取决于该中心的选址，以及宣传是否有效；对游客的参访活动需要组织、引导等后勤服务	P98—99

续

场所分类		简介	主要宣教方式	优势	挑战	对应页码
主题性宣教场所	宣教长廊	在湿地公园内配合主要的步道建设，以长廊的形式向游客提供基于游线的主题化宣教展示	半室外展示（解说标识标牌为主）自导式参访人员宣教（导览解说）	建在大部分游客必经通道上，游客覆盖范围广；基于步道进行改造完成、投资建设成本较低，适合大多数湿地公园；线性布展，可以围绕某一主题进行比较完整系统的介绍；可以定期更换展示内容；结合长廊的人性化设计，为游客提供遮阴和休憩功能；日常维护运营工作比较简单	游客类型和游览目的多元、较难精准服务；半室外的条件限制展示内容的容量，及展示形式的灵活性和多元性；半室外和无专职人员随时维护的条件对展示材质的耐用性要求更高	P100
主题性宣教场所	观鸟屋	在湿地公园观鸟热点地区建立的能为游客提供不干扰自然生态，又能较为清晰、全面观察到鸟类的场所。其他植物、昆虫、湿地功能主题的宣教设施亦可参照执行	半室内展示（解说标识标牌为主）自导式参访人员宣教（导览解说、教育活动）	建筑设计以简朴、融入环境为原则，不需要过多装饰，投资建设和运营成本相对合理；宣教主题鲜明；与环境和真实自然资源结合紧密，更为直观和生动；可自行游览，也可开展专题活动，空间利用方式灵活	内部展示要兼顾科学性和生动性，且以朴素的平面静态展示为主，对设计者有很大挑战；半室内和无专职人员随时维护的条件对展示材质的耐用性要求更高；存在季节性使用的峰谷差异	P101—102
	自然教室	以在湿地公园内开展课程式或活动式的湿地宣传教育为目的而设立的教学互动空间。大部分整合在现有设施内，也可独立建设	教学空间布设为主，墙面辅助少量解说标识标牌；人员宣教（教育活动）	非公开性宣教场所，需预约参与活动，确保活动的独立性和专业性；可以根据湿地公园资源特点及其时空分布开展系列化、多元性的主题宣教活动；游客为有目的有准备的参与活动，可提供精准的宣教服务服务；通过开展系列活动，积累相关的教学课程方案、游客反馈等信息，帮助整个湿地公园宣教效果的提升	需要专业的教育团队，对人员的课程设计、课程讲授、互动交流甚至营销推广都有要求；需要探索商业化发展的策略和路径，如仅靠门票收入或公园经费支持，难以持续运营；如独立建设投资运营成本较高	P103
辅助性宣教场所	观景点	在湿地公园主要景点、游线终点等地设立的较为开阔的供游客休憩、观景的空间	室外展示（解说标识标牌为主）自导式参访人员宣教（导览解说）	设在游客必达目的地，基于重要景点开展宣教，游客覆盖范围广；配合景点建设，宣教以展板和少量静态展示为主，建设成本低廉；与环境和真实自然资源结合紧密，更为直观和生动；可以围绕某个具体主题进行比较完整系统的介绍	室内和无专职人员随时维护的条件对展示材质的耐用性要求更高；对宣教内容的设计如何兼顾科学性和生动性，且不偏离湿地保护主题，对设计者有很大的挑战	P104

续

场所分类		简介	主要宣教方式	优势	挑战	对应页码
辅助性宣教设施	步道沿线休憩点	在湿地公园步道沿线为方便游客提供的休憩点。一般为步道外侧的小型休憩平台、凉亭或简单布设座椅等	室外展示（解说标识标牌为主）自导式参访	设在大部分游客必达的步道沿线、游客覆盖范围广；提供与环境相关的宣教，较为直观、生动	一般仅为 1 ～ 2 个解说性标识标牌，内容和形式都有局限性；户外设施对展示材质的耐用性要求更高，也需要定期的日常维护	P105—106
	交通接驳站点	在湿地公园主要交通枢纽或接驳站点利用现有设施硬件开展宣教	室外展示（解说标识标牌为主）	设在大部分游客必达的交通接驳站、游客覆盖范围广地段；提供与公园管理、时令宣教活动、游客行为提示等相关的宣教信息，直观、简洁，与游客相关，容易被阅读和理解	一般仅为若干个解说性标识标牌，内容和形式都有局限性；户外设施对展示材质的耐用性要求更高，也需要定期的日常维护；需要定期的内容更新，减少陈旧的信息	P107
	交通工具	在湿地公园公共接驳车、大巴、电瓶车等交通工具上开展宣教	车身内外展示（解说标识标牌为主）	设在大部分游客必达的交通工具内外，由于游客覆盖范围广，引导游客利用搭乘交通工具的时间阅读，较能确保有效的宣教；可以对整个公园的宣教主题和特色进行简洁、生动、完整的介绍，引导游客在后续参访过程中有目的性的关注相关宣教信息	一般为平面解说性标识标牌，内容和形式都有局限性；交通工具车身内外的展示条件对材质的耐用性要求更高，也需要定期的日常维护；需要定期的内容更新，减少陈旧的信息	P108

附录 3　人员宣教分类及应用概述表

主要形式	简介	应用	对应页码
常规人员宣教			
带队解说	人员宣教中最传统、最普遍的形式。指宣教人员在固定的时间地点，带领一定数量游客，沿固定路线依序参访相关目的地，并开展系统化的人员宣教服务。带队解说的路线、停留点和内容需根据公园宣教主题和重点资源进行设计，以确保游客可以对公园的主题和特色得以系统的了解	带队解说因天气、季节、游客人员兴趣等因素具有一定不确定性，应进行适应性的灵活调整 为尽可能为游客提供宣教服务，有条件的湿地公园应在节假日等游客流量较大的时间段，针对公园主要游线面向普通游客提供若干批次的免费解说服务。此外，针对特色宣教主题和游线，以及在非高峰时段，可提供预约式定制化服务，并收取合理费用	P127
定点解说	指宣教人员在湿地公园内的重要景点、湿地保护或修复的示范点、湿地宣教设施所在点或活动现场开展的针对所在地点的特殊资源，或湿地公园的管理工作及成效，帮助游客理解湿地公园的保护价值而开展的人员宣教服务	定点解说是带队解说的补充，是对公园重要景点的系统介绍。通常在节假日等游客流量较大的时间段提供该服务，一般免费。在宣教设施内或周边提供的定点解说有助于帮助疏导和分散游客流量	P128
辅助性人员宣教			
咨询服务	指在公园游客服务中心、宣教馆、重要景点、入口处等设置的人员宣教服务，为游客提供宣教场所地点指引、宣教活动信息咨询、宣教材料发放等服务的人员宣教服务	一般由公园管理部门的相关人员或志愿者承担，主要是为游客提供何时何地在哪里可以获得哪些宣教服务的资讯	P129
非定点解说	指在公园中心广场、主要设施出入口广场空间、交通接驳枢纽等常常有游客聚集或需要等待的区域，根据现场资源条件、具有当下时效性宣教信息，灵活开展的人员宣教服务	非定点解说兼有宣教和公园管理服务的功能，有助于帮助疏导人流，提供游客在等待期更好的游览体验，并能有效强化公园宣教主题，提升服务效果	P129
专题讲座			
	指针对与湿地相关的环境议题，定期或在重要节日开展的，邀请相关领域专业人士，面向公园游客或周边社区公众，举办的专题性讲座服务	专题讲座一般结合公园的重要活动举办。有条件的湿地公园也可以定期开展如“专家讲坛”“湿地课堂”等系列专题讲座。内容包含湿地基本知识、湿地科普调查、湿地科研成果、湿地文化等。	P129
主题活动	指结合公园的宣教主题或特定主题节日设计开展的，融合湿地保护、管理、文化等多元内容，通过表演、互动体验等人员宣教形式，开展的主题宣教活动	常见形式包括世界湿地日等环保主题节日宣传活动、湿地小剧场、湿地文化节、湿地艺术节等。可借助成熟的艺术形式，但应确保内容设计不偏离湿地保护和管理的内涵	P129
专题环境教育			
专题环境教育	指由专业环境教育人员用专业方法设计的，结合湿地公园自然环境，用生动和可体验的方式教授湿地公园的保护、恢复等相关知识，并为激发参与者理解湿地价值、认同湿地保护重要性，参与保护意愿的专题化、系列化的课程	一般由专业团队定期在公园内组织，或到公园周边社区和学校提供到校讲授服务。课程应有主题和系统化的课程，每套课程均应有完整的教学方案。环境教育活动开展后应及时收集参与者的反馈意见，并根据这些内容进行课程内容的调整和优化。 常见的可设计为环境教育活动的内容包括：观鸟、湿地植物认知、昆虫观察、湿地生境管理、湿地合理利用模式学习等	P130—131